环境空气质量预报信息交换指南

中国环境监测总站　编著

中国环境出版集团·北京

图书在版编目（CIP）数据

环境空气质量预报信息交换指南/中国环境监测总站编著. —北京：中国环境出版集团，2018.5

ISBN 978-7-5111-3685-5

Ⅰ. ①环…　Ⅱ. ①中…　Ⅲ. ①环境空气质量—预报—信息交换—指南　Ⅳ. ①X831-62

中国版本图书馆 CIP 数据核字（2018）第 118613 号

出 版 人　武德凯
责任编辑　曲　婷
责任校对　任　丽
封面设计　彭　杉

出版发行　中国环境出版集团
　　　　　（100062　北京市东城区广渠门内大街 16 号）
　　　　　网　　　址：http：//www.cesp.com.cn
　　　　　电子邮箱：bjgl@cesp.com.cn
　　　　　联系电话：010-67112765（编辑管理部）
　　　　　发行热线：010-67125803，010-67113405（传真）
印　　刷　北京盛通印刷股份有限公司
经　　销　各地新华书店
版　　次　2018 年 6 月第 1 版
印　　次　2018 年 6 月第 1 次印刷
开　　本　787×1092　1/16
印　　张　15.25
字　　数　328 千字
定　　价　68.00 元

编写指导委员会

主　任：柏仇勇

副主任：李健军　徐伟嘉　晏平仲　伏晴艳　区宇波　罗　彬

委　员：（以姓氏笔画为序）

王业耀　王自发　王玲玲　王晓利　区宇波　田一平　田旭东

伍跃辉　伏晴艳　刘廷良　刘　枢　刘保献　关玉春　许　杨

李国刚　李健军　何立环　沈炳钢　张　军　张祥志　陈传忠

陈金融　陈　斌　陈善荣　范晓楠　罗　彬　钟流举　宫正宇

晏平仲　徐伟嘉　徐　琳　唐桂刚　黄向锋　康晓风　敬　红

景立新　翟崇治　樊占春

主　编：李健军　徐伟嘉　高愈霄　鲁　宁　许　荣　赵熠琳

编　写：（以姓氏笔画为序）

丁俊男　于　洋　马双良　马盈盈　马琳达　王子峰　王文丁

王汉峥　王军霞　王　欣　王玲玲　王　威　王晓元　王晓彦

王晨波　王晶晶　王　黎　王　鑫　毛飞跃　邓光侨　甘　婷

卢志想　叶斯琪　叶　楠　皮冬勤　曲　凯　朱莉莉　朱媛媛

伍恒赟　伏晴艳　刘永红　刘　冰　刘　红　刘沄畅　刘海鑫

汤莉莉　许　可　许　荣　孙乃迪　孙　媛　杜云松　李　礼

李红霞　李　丽　李　茜　李　俊　李养养　李健军　杨克进

杨　雪　肖林鸿　吴其重　吴剑斌　吴　雪　何建勇　邹　强

汪　宇　汪　巍　沈　劲　张　军　张　莹　张晓峰　张祥志

张　鹏　张稳定　张　巍　陆　涛　陈远航　陈良富　陈　佳

陈宗娇　陈　泉　陈焕盛　陈　楠　范　萌　林永升　易　敏

罗　勇　罗　彬　郑镇华　赵江伟　赵熠琳　胡　鸣　胡佳佳

段玉森　段善桐　饶芝菡　祝　波　秦　玮　顾坚斌　晏平仲

徐圣辰　徐伟嘉　徐怡珊　殷晓鸿　高愈霄　陶明辉　陶金花

黄向锋　黄建彰　黄思远　黄晓钧　黄蕊珠　曹　磊　龚　威

彭福利　蒋　燕　程念亮　程学征　鲁　宁　曾建伟　詹鹃铭

蔡　叶　蔡仕龙　谭俊威　缪　青　颜　华　操文祥　霍晓芹

魏　恒　魏　巍

前　言

　　环境空气质量预报是一种预报员基于各种主要预报信息进行分析判断和综合决策的过程。预报员所需要的主要预报信息，包括各种空气质量预报模拟、大气污染源监控、气象预报模拟、大气化学实况监测、以及气象实况观测等主要基础数据和产品。这些数据和产品有不同的专业机构和业务系统来源，例如空气质量和气象的模拟产品有数值预报和统计预报，大气污染源监控有在线监测和遥感反演，大气化学和气象的实况有地面在线监测、手工监测、雷达观测和卫星遥感等。预报员需要了解上述空气质量预报和影响因素信息，需要了解辖区和周边区域甚至更大范围的大气污染物局地排放或区域传输信息，需要了解预测和现状以及历史比较参照信息，在尽可能全面的信息支持下，才能够做好预报和环境质量管理技术支撑工作。

　　环境空气质量预报还是一种环保预报部门内部和系统外部的预报员们基于各种主要预报信息进行联合会商和集体决策的过程。因为思考方式的差异性和共同性特点，不同的预报员对主要预报信息既可能有不同角度的解读和分析，也可能有比较一致的共识和判断。联合会商可以形成共识的重叠区，形成一个主流的预测结果；还可以群体相互补充不同的思考覆盖范围，避免单个预报员的疏忽或遗漏。这种过程在影响重大的大气重污染过程预测和重大活动环境质量管理的工作当中尤为关键。联合会商实质上是尽可能充分利用各种主要预报信息，保障业务预报和环境质量管理技术支撑的稳定性和可靠性。

　　无论是单个预报员的预报作业还是预报员群体的联合会商预报作业，都源自预报信息并需要预报信息交换技术的基础支持。由于上述预报例行业务以及专题工作需求的特点，预报信息交换技术涉及到预报信息传输、监测网络数据共享、污染源清单动态更新、可视化预报会商应用、预报信息发布、预报信息安全、大数据存储管理、大数据应用、GIS 应用等系列关联并不断拓展的技术。同时，因为大尺度大气环流变化及其空气流动的影响，大气污染过程经常性呈现区域性和跨区域的现象，预报员需要本地与邻近地区的预报信息、上游与下游的预报信息、全国与国际周边地区的不同尺度预报信息，也进而需要包括全国、区域和省市预报信息交换技术的系统性支持，因此预报信息交换技术在新标准环境空气质量预报这个新的核心业务发展的进程中，从开始就随着管理和业务现实需求，展现出国家-区域-省市融合协调、联网覆盖、规范化接口互通的现代化信息交换共享技术应用特点。

以 2015 年起中国环境监测总站建立实施初步的全国省级站、省会城市和计划单列市站联网预报信息交换包括全国预报指导产品分发的实践、重点区域进行重大活动环境空气质量管理的区域性联网预报信息交换的实践、以及省级站和省级环保预报部门为辖区地级以上城市提供预报信息产品的实践为重要标志，全国环境监测系统和环保部门开展了预报信息交换技术的业务应用和发展探索，并进行了部分基础的预报信息交换技术规范制定。这些初步的技术规范，特别是可视化预报会商的技术规范以及全国联网预报信息交换接口规范的应用成效最为显著，为环境保护部 2016 年顺利实现京津冀及周边、长三角、珠三角等重点区域预报中心可视化预报会商联网以及 2017 年顺利实现全国省级站和省级环保预报部门可视化预报会商联网、全国以及区域省市预报指导产品的应用奠定了关键预报信息交换技术基础。

为了及时进行必要的系统技术总结积累，建立更加全面的全国空气质量业务预报方法体系关键组成部分的预报信息交换技术规范和应用系统框架，更加科学地指导协调全国环境监测系统和环保预报部门的联网预报信息交换系统建设，按照环境保护部环境质量预报能力建设要求，中国环境监测总站组织全国省市环境监测和环保预报成员单位和专家，根据现有的实践经验、问题分析和环境管理及预报业务发展需求，集中研究讨论编写了这本《环境空气质量预报信息交换指南》，以期为环境监测系统和环境保护预报部门技术人员提供现有可供利用技术基础上较为全面的技术指南和参考资料。这本指南是新标准环境质量预报这个新核心业务的相关联技术的系统规范化应用发展的标志性开端，未来随着环保预报领域的拓展和信息科学技术的发展，可望将获得进一步的更新完善。

全书由李健军、徐伟嘉、高愈霄、鲁宁、许荣和赵熠琳策划和统稿，负责总体构思和结构设计，并对各章节编写质量进行审核。第一章由徐伟嘉、李健军、李红霞、林永升、于洋、孙媛、陈远航、刘沄畅、霍晓芹、徐怡珊编著；第二章由李健军、徐伟嘉、刘冰、丁俊男、高愈霄、李礼、程学征编著；第三章由李健军、邓光侨、李红霞、黄建彰、刘海鑫、徐伟嘉、陈宗娇、张晓峰编著；第四章由王晓元、徐圣辰、罗彬、张巍、蒋燕、叶斯琪、沈劲、王晶晶、马双良编著；第五章由高愈霄、黄向锋、李健军、许荣、曹磊、罗勇、伍恒赟编著；第六章由王汉峥、易敏、曾建伟、汪宇、张祥志、王晨波、杨雪、张巍、杜云松、饶芝茵、魏恒、缪青编著；第七章由晏平仲、王文丁、陈焕盛、魏巍、吴其重、张稳定编著；第八章由黄晓钧、李红霞、黄建彰、鲁宁、李健军、许荣、杨克进、何建勇、黄思远编著；第九章由鲁宁、段玉森、胡鸣、张祥志、汤莉莉、王晨波、杨雪、王欣、张军、王玲玲、马琳达、胡佳佳编著；第十章由李红霞、林永升、颜华、李养养编著；第十一章由许荣、卢志想、徐伟嘉、罗彬、张巍、刘红、易敏、曲凯编著；第十二章由殷晓鸿、朱媛媛、黄向锋、段善桐、王鑫、王军霞编著；第十三章由王晓彦编著；第十四章由黄建彰、谭俊威、邹强、秦玮编著；第十五章由陈楠、操文祥、祝波、许可编著；第十六章由王晨波、吴雪、汪巍编著；第十七章由赵江伟、晏平仲、吴剑斌、皮冬勤、肖林鸿、陈佳编著；第十八章由王威、赵熠琳、朱莉莉、李茜、张鹏、彭福利编著；第十九章由李红霞、黄建彰、郑镇华、陈泉、叶楠编著；第二十章由陆涛、伏晴艳、黄蕊珠编著；第二十一章由刘永红、李丽、甘婷、蔡叶、詹鹃铭、蔡仕龙编著；第二十二章由王欣、程念亮、孙乃迪编著；第二十三章由龚威、马盈盈、毛飞跃、王黎、李俊编著；第二十四章由王子峰、陈良富、陶金花、陶明辉、范萌、张莹、顾坚斌编著。因涉及的内容较多，很多经验是从技术实践中总结而来，由于我们的学识水平和实际经验限制，本书定会有不全面之处，甚至也存在不妥或错误的地方，望同行不吝赐教。

李健军　徐伟嘉

2018 年 5 月

目　录

第一篇　体系架构篇

第二篇 资料应用篇

第一篇

体系架构篇

第 1 章　背　景

1.1　空气质量预报面临的形势

随着人类社会进入高速发展的工业时代，生产水平显著提高，但人类活动对环境的干扰却愈演愈烈。从近代历史来看，世界各地发生过许许多多的环境空气污染事件，如 1930 年比利时马斯河谷烟雾事件、1943 年美国洛杉矶光化学烟雾事件、1952 年英国伦敦烟雾事件、1956 年日本四日市哮喘事件等，这一场场环境污染造成的悲剧带给人类惨痛的教训。当前，环境问题已经成为人类所面临的最严峻的挑战之一，保护与改善生态环境，实现人类的可持续发展迫在眉睫。

我国经济社会发展在取得举世瞩目成就的同时，生态环境也付出了巨大的代价。大气污染类型正从一次污染为主的煤烟型污染转变成二次污染为主、煤烟型与氧化型污染共存的复合型污染，各种污染物相互耦合，大气污染成因和来源极其复杂；大气污染范围从城市的局地污染发展为城市群的区域性污染，城市间污染物相互传输影响，造成局地污染与区域污染叠加。总体来说，大气污染呈现出明显的结构型、压缩型、复合型特征，灰霾天气、光化学烟雾、酸沉降等多种问题并存。厘清污染来源，削减污染排放，逐步改进环境空气质量，减轻空气污染影响，已成为全社会的共识和当前环境保护工作的急切需求。

为了更加科学、准确地开展空气质量评价，使空气质量监测评价结果更加贴近人民群众的切身感受，2012 年 2 月 29 日国务院常务会议审议通过并发布新修订的《环境空气质量标准》（GB 3095—2012），同日环境保护部发布了修订后的《环境空气质量指数（AQI）技术规定（试行）》（HJ 633—2012）。根据国家关于空气质量新标准监测实施"三步走"的总体部署，经过各地环境保护部门和全国环境监测系统的共同努力，2013 年 1 月 1 日实现了全国第一批 74 个重点城市的环境空气质量新标准实时监测并联网发布数据；2015 年 1 月 1 日起，新标准监测发布的范围扩展到全国 338 个地级以上城市 1 436 个空气质量自动监测站点。同时，各重点区域和先行省市还开展了空气质量新标准的省级、市级监测网的建设。

基于空气质量新标准实时监测，2013 年以来全国多次出现了大范围、长时间、影响严重的空气重污染过程，引起公众的极大关注。2013 年 9 月，国务院发布《大气污染防治行动计划》（国发〔2013〕37 号），要求全国各地进一步加强大气污染防控工作，主要重点区域和重点城市逐步开展大气重污染监测预警体系建设，多举措改善环境空气质量。2015 年国务院办公厅印发《生态环境监测网络建设方案》（国办发〔2015〕56 号），进一步要求加强环境质量监测预报预警，提高空气质量预报和污染预警水平，强化污染源追踪与解析。

1.2 空气质量预报现状

空气质量状况与人民群众身体健康和生产生活息息相关，仅有空气质量实时监测结果，已经不能满足社会公众日益提高的环境信息需求。及时的空气质量预报预警信息，不仅方便广大人民群众合理安排日常生活和出行，做好必要的健康防护。同时，也为政府部门提前掌握空气质量和污染发展态势，采取应急措施，妥善应对空气重污染，最大限度减轻污染危害，提供关键的技术支撑和决策建议。因此，迫切需要建立环境空气质量监测、预报和预警系统，实现国家-区域-省-市各级层面的预报信息交换及综合预报，以满足公众获取环境空气质量预报和重污染天气过程预警信息的迫切需求。

根据国家和地方环境保护部门的工作部署，"国家-区域-省-市"空气质量预报预警体系建设初见成效，各级环境监测部门环境空气质量预报预警工作有序开展。2014 年年底，全国省级、省会城市、计划单列市全部开展了环境空气质量预报预警业务工作；2015 年起，京津冀及周边区域、长三角区域、珠三角区域、成渝地区、长江中游城市群等重点区域的其他地级以上城市全面开展城市空气质量预报预警业务工作，并发布城市 AQI 预报。

1.3 预报信息交换现状

空气质量预报信息交换是指基于计算机应用平台对相关预报指导产品和预报结果的数据共享机制。全国环境空气质量预报信息交换是"国家-区域-省-市"空气质量预报预警体系建设的重要支撑，涉及多种信息技术的综合应用，包括常规监测信息、源排放清单、气象及辅助信息、超级站激光雷达等综合观测信息应用、卫星资料同化、大数据集成、GIS可视化技术以及预报信息发布、信息安全技术等诸多方面。

目前我国预报信息交换的技术规范欠缺，不利于预报系统信息化建设，容易造成信息交换不衔接，难以形成有效的业务整合，难以支撑全国区域协作，因此有必要编制形成全国环境空气质量预报信息交换技术指南，提高全国预报信息化建设水平。

当前，在空气质量管理决策支持技术体系中，构建准确、完整、更新及时的大气污染物排放清单是识别污染源、科学有效开展大气污染防治工作的基础和前提，也是制定环境空气质量达标规划和重污染天气应急预案的重要基础和依据。目前，我国在大气污染物清单体系建设上，远远落后于大气污染防治工作需求，现有的国家环境统计体系仅覆盖主要工业源和生活源二氧化硫、氮氧化物和烟粉尘排放量，无法形成完整的国家大气污染物排放清单，严重制约了我国空气质量管理工作，而部分地方政府根据实际情况已建立辖区排放清单，因此鼓励各地积极共享排放清单，推进空气质量协同管理。

第2章 全国预报业务体系与信息交换总体架构

2.1 空气质量预报信息交换业务需求

（1）基于我国空气质量管理体系，国家空气质量预报指导产品数据实时分发到区域、省、市等不同层级环境保护管理部门的预报中心，实现指导产品数据的在线下载、查询与预报支撑。

（2）在国家-区域-省-城市各层面相互支持体系下，完成国家中心对各区域、省、城市预报预警数据结果、源清单文件、其他共享资料的接收与交换、文件储存与实时查询，实现信息传递与共享。

（3）加强国家-区域-省-城市环保部门、气象部门间的跨部门、多层级环保业务部门间的会商信息交换，有效提高污染联防联控水平。

（4）为公众提供环境空气质量预报信息服务，并在重污染时发布预警信息和提出短期应急措施建议，为环境保护管理部门建立污染控制和综合决策等重点区域大气污染联防联控机制提供技术支持。

（5）对预报信息数据进行分析与统计，以及提供接口扩展应用，支撑与协助全国空气质量预报能力建设与人员技术指导，实现全国预报产品交换，有效维系全国环境空气质量预报信息系统及其业务工作的运行管理。

2.2 预报业务体系与信息交换总体架构

根据预报业务和环境质量管理技术支撑需求,构建围绕总站-区域中心形成核心资料中心向省市成员单位提供服务的预报信息交换体系。

区域中心是国家预报分中心，是国家预报信息交换的骨干节点，国家区域指导产品、全国省市预报信息均通过区域中心进行交换。国家中心与区域中心是信息互备，区域中心间互备。国家中心与区域中心形成云服务核心，可实现某个区域中心故障时，相邻区域中心无缝衔接支持。全国每个省级、每个城市级预报成员单位均加入信息交换体系，能够在全国范围交换共享各区域和省市优势预报信息和预报业务资源。预报信息交换整体架构覆盖相互关联的信息传输、联合会商、监测网络、源排放清单动态更新、信息发布、信息安全、大数据存储管理、大数据应用、GIS 技术应用、可视化技术应用、网络信息快速传输解决方法等部分。

信息交换（信息流）框架见图 2-1。

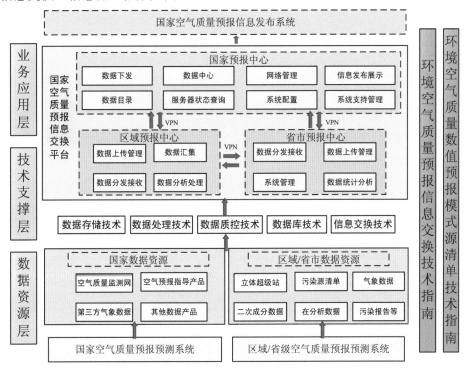

图 2-1　信息交换框架图

2.3　技术规范的建立

在预报信息交换中，涉及各层面不同数据生成应用系统以及不同技术环节的信息衔接，为了保障全国预报信息交换的无缝衔接，必须建立信息传输、联合会商、源排放清单动态更新等各部分技术规范。

目前发布的暂行技术规范（指南）包括《环境空气质量预报信息交换技术指南（试行）》（总站预报字〔2015〕30 号）、《环境空气质量可视化预报会商技术指南（试行）》（总站预报字〔2015〕30 号）、《环境空气质量数值预报模式源清单技术指南（试行）》（总站预报字〔2015〕30 号）、《空气质量数值预报同化卫星资料技术指南（试行）》（总站预报字〔2017〕91 号）和《空气质量数值预报同化激光雷达资料技术指南（试行）》（总站预报字〔2017〕91 号）。

第 3 章 预报信息交换技术规范的设计与实现

3.1 设计原则与依据

遵循"统一规划、统一设计、统一建设、统一管理"的思路，建设全国环境空气质量预报信息交换体系、技术规范及其应用平台。主要设计的基本原则如下：

3.1.1 标准化

信息交换遵循国际标准、国家标准、行业和其他相关技术规范。

3.1.2 可扩展性

设计时考虑空气质量预报信息交换短、中、长期的发展，并考虑应用系统的可扩展性，易于系统以后的发展。

3.1.3 安全性

全国空气质量预报信息交换过程中把安全性放在首位，即考虑数据资源的充分共享，也考虑了资源的保护和隔离，并充分利用专用传输网络、系统安全机制、健全的备份和恢复策略等增强安全性。

3.1.4 实用性

考虑到空气质量预报信息交换的业务支撑目标，需考虑将提供友好的用户操作界面，提供丰富灵活的配置手段，方便非计算机专业人员的使用；满足空气质量预报业务人员日常工作习惯和流程。技术具备一定高度，手段强调实用，操作直观简便。

3.1.5 可管理性

采用统一的管理机制，减少管理的复杂性，保障高效的大数据管理能力和数据备份功能，能够使整个数据中心具有很强的可管理性。

预报信息交换技术规范设计或引用的主要依据如下：

《中华人民共和国环境保护法》（自 2015 年 1 月 1 日起施行）；

《中华人民共和国大气污染防治法》（2016 年 1 月 1 日起施行）；

《国家环境保护"十二五"规划》（国发〔2011〕42 号）；

《"十三五"生态环境保护规划》（国发〔2016〕65 号）；

《国家环境监测"十二五"规划》（环发〔2011〕112 号）；

《大气污染防治行动计划》（国发〔2013〕37 号）；

《环境空气质量标准》（GB 3095—2012）；

《环境空气质量指数（AQI）技术规定（试行）》（HJ 633—2012）；

《先进的环境监测预警体系建设纲要（2010—2020 年）》（环发〔2009〕156 号）；

《环境空气质量预报预警业务工作指南（暂行）》（总站预报字〔2014〕35 号）；

《环境污染类别代码》（GB/T 16705—1996）；

《环境污染源类别代码》（GB/T 16706—1996）；

《污染源在线自动监控（监测）系统数据传输标准》（HJ/T 212—2005）；

《环境污染源自动监控信息传输、交换技术规范（试行）》（HJ/T 352—2007）；

《环境信息共享互联互通平台总体框架技术规范》（HJ 718—2014）；

《环境信息系统数据库访问接口规范》（HJ 719—2014）；

《环境信息元数据规范》（HJ 720—2014）；

《环境数据集加工汇交流程》（HJ 721—2014）；

《环境数据集说明文档格式》（HJ 722—2014）；

《环境信息数据字典规范》（HJ 723—2014）；

《环境基础空间数据加工处理技术规范》（HJ 724—2014）；

《环境信息网络验收规范》（HJ 725—2014）；

《环境空间数据交换技术规范》（HJ 726—2014）；

《环境信息交换技术规范》（HJ 727—2014）；

《环境信息系统测试与验收规范——软件部分》（HJ 728—2014）；

《环境信息系统安全技术规范》（HJ 729—2014）。

3.2　信息交换与传输体系结构

3.2.1　预报信息交换总体结构

环境空气质量预报信息交换系统包括产品下发、信息上传两大部分，由国家、区域、省、城市各级业务平台实施。全国空气质量预报信息交换产品下发自顶向下逐级分别为：国家预报中心，区域预报中心，省级、城市级预报成员单位。国家预报中心下发预报指导产品到区域预报中心，各区域预报中心向省级、城市级预报成员单位提供下载接口，避免国家预报中心网络负载过大影响下发速度的情况。各省级及其辖区内城市级预报成员单位信息交换方式可根据需要自行组织。其产品下发架构如图 3-1 所示。

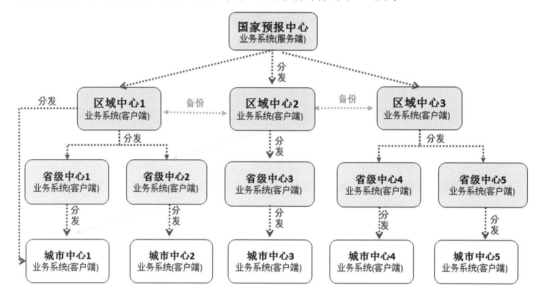

图 3-1　产品下发架构图

区域预报中心以及省级、城市级预报成员单位根据预报结果进行业务化处理，然后区域预报中心将处理结果上传至国家预报中心，同时各省级、城市级预报成员单位将处理结果上传至区域预报中心，城市级预报成员单位还将数据上传至其相应省级预报成员单位。信息上传架构如图 3-2 所示。

3.2.2　预报信息交换内容与频次

3.2.2.1　预报信息交换内容

国家业务平台下发产品：国家空气质量多模式预报预警系统 NAQPMS 模型、CMAQ 模式、CAMx 模式和 WRF-Chem 等模式生成的 6 种污染物臭氧（O_3）、细颗粒物（$PM_{2.5}$）、可吸入颗粒物（PM_{10}）、一氧化碳（CO）、二氧化氮（NO_2）、二氧化硫（SO_2）的浓度区域形势场、城市空气质量指数（AQI）基础预报等信息，7 种气象数据（气温、气压、风向、风速、降雨量、相对湿度、能见度）、垂直方向五个高度层观测图（包括地表、925 hPa、850 hPa、700 hPa、500 hPa）等信息。信息类型分为文本数据和图片 2 种形式。

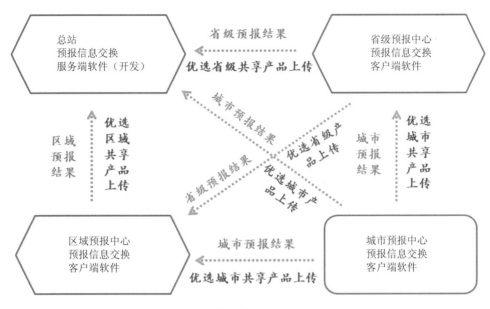

图 3-2　信息上传架构图

区域、省、城市业务平台上传信息：至少包括未来 24 小时、48 小时、72 小时区域、省、城市的空气污染发生的时间、地点、范围；当地政府发布的预警信息；空气污染扩散条件；空气质量指数（AQI）等级；首要污染物；详细预报信息或空气质量潜势分析等。

国家、区域及省、市业务平台可预留超级站监测项目的信息及数据交换接口，可交换的内容包括：$PM_1/PM_{2.5}/PM_{10}$ 质量浓度数据，EC/OC 质量浓度数据，$PM_{2.5}$ 水溶性化学组成（SO_4^{2-}、NO_3^-、NH_4^+、Cl^-、Na^+、K^+）质量浓度数据，颗粒物光散射系数、颗粒物光吸收系数、颗粒物光学厚度，VOCs 各物种质量浓度数据、非甲烷总烃质量浓度数据、风速、风向、气温、湿度、大气压及太阳辐射强度、紫外辐射强度、能见度数据、颗粒物垂直梯度和大气边界层厚度图、边界层水平/垂直风速图、边界层逆温/水汽探测生成图、颗粒物粒径谱分布图等。

3.2.2.2　预报信息交换频次

预报信息下发与上传的频次如下：

1）国家节点向区域节点下发频次

下发未来 24 小时、48 小时、72 小时或更长时间 6 种污染物浓度区域形势场、AQI、气象观测图数据，每日更新一次。

2）区域、省、城市级节点向国家级节点上传频次

区域上传信息包括区域辖区预报信息（包括预报时间、地点、空气质量等级、首要污

染物等）、当地政府发布的预警信息、污染形势图、更多详细预报信息、风景图等，每日上传一次。

省上传信息包括省辖区域预报信息（包括预报时间、地点、空气质量等级、首要污染物等）、当地政府发布的预警信息、污染形势图、更多详细预报信息、风景图等，每日上传一次。

城市上传信息包括未来 24 小时、48 小时、72 小时城市空气质量预报 AQI 指数范围、空气质量等级、首要污染物、当地政府发布的预警信息、城市当地更多详细预报信息、污染形势图、城市风景图等，每日上传一次。

产品下发和上传时间根据实际情况由全国预报部门成员单位协商决定。

3.2.3　预报信息传输方式

环境空气质量预报信息交换与传输主要采用了下发和上传两种形式。

其中在下发中要注意以下几点：

1）要保证信息下发的完整性；

2）要注意下发的时间，国家预报中心按规定时间将信息下发至区域中心，省级和城市级预报成员单位要在规定时间段内到区域中心下载；

3）各预报中心的下载密码不得外传。

在上传中要注意以下几点：

1）上传信息文件内容编辑必须规范、工整，文件命名要符合命名规范；

2）对已经上传过的信息，严禁重复上传；

3）要注意上传的时间，要在规定时间段内上传，否则上传无效；

4）同时本单位信息上传密码不得外传，并且根据情况可随时修改密码，不得泄露数据。

3.2.4　预报信息传输网络

根据空气质量预报信息交换基本业务需求，平台可划分为国家业务平台、区域业务平台、省级业务平台和市级业务平台四级。国家业务平台下发预报指导产品数据到区域业务平台，区域业务平台向省、市级预报业务平台提供国家预报指导产品下载接口。各省及其辖区内城市信息交换方式可根据需要自行组织。区域、省、市根据国家指导产品产出的预报结果数据分别逐级上传，最后汇总到国家空气质量集合预测预报系统。

在数据下发与上传的传输过程中，国家节点、区域节点、省级节点与市级节点间存在大规模的数据或控制指令的交互。提供稳定可靠的网络互联环境，保证系统数据和控制指令在这些站点间流畅传递是本系统信息传输工作的关键内容。

综合考虑网络节点的地域分布特点、联网网络建设成本以及数据安全、保密技术的发展现状，信息交换传输网络采用基于互联网络的虚拟私有网络（VPN）技术进行建设。VPN是虚拟专用网的简称，虚拟专用网不是真的专用网络，但能够实现专用网络的功能。虚拟专用网指的是在公用网络中建立专用的数据通信网络的技术，实现低成本、高安全地解决数据传输及应用。

待条件成熟时，信息传输网络可逐步转为环保专网。

3.2.5　预报信息传输流程

描述信息传输的整个流程：国家-区域-省-城市（含信息交换节点与节点信息交换模型）。

3.2.5.1　国家分发至区域

1）区域分流

预报指导产品包由国家预报中心生成，通过国家预报中心服务器把所有区域的预报指导产品包分发到各个区域中心服务器，各个区域中心服务器除获得本区域的预报指导产品包外，还获得其他区域的预报指导产品包。国家服务器不直接面向省、市级服务器分发预报指导产品包，而是通过区域服务器对省级服务器（含省会城市和计划单列市）进行分发，省级服务器对市级服务器进行分发，实现对分发信息的分流，避免所有省、市的预报指导产品包数据量太大而对国家服务器造成拥塞，影响分发效率。

2）区域互备

每个区域分发到的产品包既有本区域的也有其他区域的。其中，本区域预报指导产品包用于向本区域内的省市进行分发，而其他区域的预报指导产品包则用于数据备份。当某区域服务器由于某些原因导致服务器上的预报指导产品包数据丢失，无法向下进行分发时，可及时通过其他正常运作的区域服务器恢复预报指导产品包数据。

3.2.5.2　区域分发至省市

区域预报中心向本区域内的各省级预报成员单位（含省会城市和计划单列市）分发预报指导产品，提供成员单位精细化预报所需的边界场和初始场。通过区域服务器把预报指导产品包分发到各个省市的专用服务器中。若区域服务器中预报指导产品包数据缺失，可通过备份机制从邻近区域的服务器中恢复数据，继续进行分发。

省级成员单位应建立共享平台为地市级单位提供服务，具体产品下发由各省级单位根据工作需求和实际情况自行决定。

3.2.5.3　预报信息上行报送

各级预报业务部门预报工作围绕预报模式产品和经验订正开展，并向国家预报中心报送预报信息，同时各省级、城市级预报成员单位将处理结果上传至区域预报中心，城市级预报成员单位还将数据上传至其相应省级预报成员单位。各级部门预报结果存储于其对应的服务器上，各级服务器再通过分发网络将预报结果上行传输，并最终在国家预报中心服务器上进行汇总。

3.2.5.4　监测数据平台应答协议

平台端接收到子站系统上传的历史数据（5 分钟均值或 1 小时均值）时会返回应答字符串，该字符串传输时同样采用 GB 2312 编码，由 9 部分组成：

1～5 部分沿用数据报送的相应部分，不做任何改动；

第 6 部分填充平台接收端服务器本地时间，格式与第 3 部分的数据时标相同；

第 7 部分使用固定字串"tek"填充；

第 8 部分与报送协议的第 8 部分相似，用 2 字符的校验码填充；

第 9 部分使用固定字串"####"结尾。

完整的应答字符串范例如下，其中不同的部分间已用带下划线字体区分：

JZ12440100012012-11-08 15：45：00001f@@@2012-11-08 15：46：01 tek7c####

3.3　预报产品数据交换报文规范及传输协议

全国空气质量预报信息交换过程中涉及多类数据，因此特别提出信息交换的文件格式、文件命名规范、报文结构。

3.3.1　交换文件格式

预报预警下发文件的文件格式使用 ZIP 格式文件。

3.3.2　文件命名规范

Z_ENV_EWFS_产品包级别编码_产品包覆盖区域编码_ YYYYMMddhhmmss_DBB_制作单位编码_产品包共享属性编码_产品包备份属性编码_ YYYYMMDDHHMM_00000-07200.ZIP

例如，国家预报中心北京时间 2014 年 7 月 1 日 1 点制作的广东省级预警预报产品包，文件名为：

Z_ENV_EWFS_L3_440000_20140701010100_DBB_CMEMC_SH1_BK1_20140701010

1_00000-07200.ZIP

表 3-1　压缩文件格式说明

项目	格式说明
Z	固定代码，表示文件为国内交换的资料
ENV	固定代码，表示环境类信息
EWFS	固定代码，表示预警预报产品
产品包级别编码	非固定代码，国家：L1，区域：L2，省：L3，市：L4
产品包覆盖区域编码	非固定代码。表征预警预报产品所要覆盖的区域，产品包级别编码为 L1 和 L2 的此处对应为特定的国家区域编码，产品包级别编码为 L3 和 L4 的此处对应为全国行政区划编码
YYYYMMddhhmmss	非固定代码，文件生成时间"年月日时分秒"（UTC）
DBB	固定代码，表示此文件为用于分发的产品包
制作单位编码	非固定代码，产品制作单位的编码，若存在多个制作单位，从上级单位到下级单位顺序排列，各级单位编码之间用英文半角中划线分隔
产品包共享属性编码	非固定代码，SH1：非共享型，特定地区产品包；SH2：共享型，通用产品包
产品包备份属性编码	非固定代码，BK1：非备份型产品包，用于分发；BK2：备份型产品包，用于同级区域交叉备份
YYYYMMDDHHMM	非固定代码，预报资料起报时间"年月日时分"（北京时间）。其中：YYYY 为年，4 位；MM 为月，2 位；DD 为日，2 位；HH 为小时，2 位，24 小时制；MM 为分钟，2 位；在"年月日时分"中，若位数不足高位补"0"
00000-07200	非固定代码，表示产品预报时效为 72 小时
文件扩展名	Zip 或 ZIP 格式

　　Z_ENV_EWFS_产品包级别编码_产品包覆盖区域编码_ YYYYMMddhhmmss_DBB_ 制作单位编码_预报数据类型编码_ YYYYMMDDHHMM_00000-07200.TXT

　　例如，国家预报中心北京时间 2014 年 7 月 1 日 1 点制作的广东省级预警预报产品包解压出的空气质量预报数据文件，文件名为：

　　Z_ENV_EWFS_L3_440000_20140701010100_DBB_CMEMC_201407010101_AIR_000

00-07200.TXT

表 3-2　预报文件格式说明

项目	格式说明
Z	固定代码，表示文件为国内交换的资料
ENV	固定代码，表示环境类信息
EWFS	固定代码，表示预警预报产品
产品包级别编码	非固定代码，国家：L1，区域：L2，省：L3，市：L4
产品包覆盖区域编码	非固定代码。表征预警预报产品所要覆盖的区域，产品包级别编码为 L1 和 L2 的此处对应为特定的国家区域编码，产品包级别编码为 L3 和 L4 的此处对应为全国行政区划编码
YYYYMMddhhmmss	非固定代码，文件生成时间"年月日时分秒"（UTC）
预报数据类型编码	非固定代码，表示此文件数据的类型，AIR：空气监测数据，MET：气象数据，IMG：图片
制作单位编码	非固定代码，产品制作单位的编码，若存在多个制作单位，从上级单位到下级单位顺序排列，各级单位编码之间用英文半角中划线分隔
YYYYMMDDHHMM	非固定代码，预报资料起报时间"年月日时分"（北京时间）。其中：YYYY 为年，4 位；MM 为月，2 位；DD 为日，2 位；HH 为小时，2 位，24 小时制；MM 为分钟，2 位；在"年月日时分"中，若位数不足高位补"0"
00000-07200	非固定代码，表示产品预报时效为 72 小时
文件扩展名	非固定，[TXT][PNG]

3.3.3　报文结构

1）下行产品包广播报文

对于已存在空气质量预报通信服务器的预报数据文件，分发系统会对文件进行文件格式转换（压缩文件），并把转换后的文件的文件名，修改为符合国内空气质量预报数据交换文件命名规范的文件名。完成后，通过分发系统实时广播空气质量预报数据文件，广播通道为：Z_ENV_EWFS/AREA/，省/区域根据广播的内容，到指定的地址，用对应的用户名和密码下载对应的数据。广播内容样例如下：

004

城市编号 txt1，txt2，txt3 ncf1，ncf2，ncf3 jpg1，jpg2，jpg3

FTP：//国家服务器 IP/Z_ENV_EWFS/AREA/区域编号

Admin（经过加密）

123456（经过加密）

NNNN

广播/文摘报文内容说明见表 3-3。

表 3-3　广播报文内容说明

段序	要素名	单位	长度（Byte）	说明
1 地市级城市个数信息段				
1.1	地市级城市个数		3	
2 所属地级市及相关的文件名				
2.1	区站号		5	
2.2	TXT 文档			各地级市所要使用的 TXT 文档
2.3	预产品包			各地级市所要使用的预产品包
2.4	图片			各地级市所要使用的图片
3 从国家的数据库获取文件的地址				
3.1	国家服务器 IP			国家服务器所在的 IP 地址
3.2	区域编号			根据接收广播的区域，生成不同的广播编号
3.3	用户名		6	FTP 的登录名
3.4	密码		6	FTP 的密码
4 文件结束符			4	NNNN

有关存储说明如下：
（1）数据项均为定长。
（2）第 2 部分的文件名称都是没有文件的后缀。
（3）行尾用回车换行"＜CR＞＜LF＞"结束，表示各为 1 行。
（4）第三部分的用户名和密码是经过加密的，需要各区域使用特定的加密算法解密后，才能正常使用。

2）本省/区域产品文摘报文

空气质量预报数据文件由各省/区域级监测中心收集，并提供给本省/区域信息中心。省/区域级监测中心申请到本省/区域对国家的通信服务器的下载许可后，各省/区域的通信服务器将产品 FTP 下载到本省/区域的通信服务器，下载完成后，根据所辖的城市对空气质量预报数据进行解析与分包。为保障资料传输完整性，各省/区域级监测中心 FTP 下载时需在文件名上加后缀".tmp"，完整传输后再去掉所加后缀。完成后，通过分发系统实时广播空气质量预报数据文件，广播通道为：Z_ENV_EWFS/CITY/，传播内容样例如下：

城市编号 txt1，txt2，txt3 ncf1，ncf2，ncf3 jpg1，jpg2，jpg3

FTP：//各区域服务器 IP/Z_ENV_EWFS/CITY/城市编号

Admin（会经过加密才传输）

123456（会经过加密才传输）

NNNN

表 3-4 文摘报文内容说明

段序	要素名	单位	长度（Byte）	说明
1 所属地级市及相关的文件名				
1.1	城市编号		5	
1.2	TXT 文档			各地级市所要使用的 TXT 文档
1.3	预产品包			各地级市所要使用的预产品包
1.4	图片			各地级市所要使用的图片
2 从国家的数据库获取文件的地址				
2.1	国家服务器 IP			国家服务器所在的 IP
2.2	区域编号			根据接收广播的区域生成不同的广播编号
2.3	用户名		6	FTP 的登录名
2.4	密码		6	FTP 的密码
3 文件结束符			4	NNNN

有关存储说明如下：

（1）数据项均为定长。

（2）第 1 部分的文件名称都是没有文件的后缀。

（3）行尾用回车换行"<CR><LF>"结束，表示各为 1 行。

（4）第 2 部分的用户名和密码是经过加密的，需要各区域使用特定的加密算法解密后，才能正常使用。

3）省/区域接收情况回发

省/区域下载完国家的预报文件后，无论下载成功还是失败，都会通过广播系统向国家空气质量预报通信服务器回发下载的情况。

回发的代码如下：

DL Z_ENV_L2_ppppp_ccccc Syyyymmdd Eyyyymmdd

4）区域、省级上报请求

区域/省级上报预报结果前，需要向各级广播系统发送上报请求后，才能进行预报结果上报。广播通道为：Z_ENV_EWFS/AREA/UPLOAD。申请后，各级广播系统会给提交申请的区域/省级回发广播，广播通道为：Z_ENV_EWFS/AREA/UPLOAD/Check，返回的内容信息，通知区域/省是否能进行上报预报结果。

省/区域申请代码：

UR Z_ENV_L3_pppppp_cccccc_yyyymmdd_00000-07200

其中：

pppppp 为省/区域编码；

cccccc 为地市的编码，如区及省级使用 000000 代替；

yyyymmdd 为申请日期；

00000-07200 为预报时长，00000 为 0 小时，02400 为 24 小时，04800 为 48 小时，07200 为 72 小时。

区/省域返回的代码：

接收代码

GR Z_ENV_L3_ pppppp_cccccc_yyyymmdd_SUCCESS

其中：

pppppp 为省/区域编码；

cccccc 为地市的编码，如区及省级使用 000000 代替；

yyyymmdd 为地级市申请日期。

拒绝接收代码

GR Z_ENV_L3_pppppp_cccccc_yyyymmdd_FAILE

其中：

pppppp 为省/区域编码；

cccccc 为地市的编码，如区及省级使用 000000 代替；

yyyymmdd 为预报结果的预报起始日期。

5）地市级上报请求

地市级上报预报结果前，需要向各级广播系统发送上报请求后，才能进行预报结果上报。广播通道为：Z_ENV_EWFS/AREA/UPLOAD。申请后，各级广播系统会给提交申请的地市级回发广播，广播通道为：Z_ENV_EWFS/AREA/UPLOAD/Check，返回的内容信息，通知地市是否能进行上报预报结果。

地市申请代码：

UR Z_ENV_L3_ppppp_ccccc yyyymmdd 00000-07200

其中：

ppppp 为省/区域编码；

ccccc 为地市的编码；

yyyymmdd 为申请日期；

00000-07200 为预报时长，00000 为 0 小时，02400 为 24 小时，04800 为 48 小时，07200 为 72 小时。

省/区域翻回的代码：

接收代码

GR Z_ENV_L3_ppppp_ccccc yyyymmdd SUCCESS

其中：

ppppp 为省/区域编码；

ccccc 为地市的编码；

yyyymmdd 为地级市申请日期。

拒绝接收代码

GR Z_ENV_L3_ppppp_ccccc yyyymmdd FAILE

其中：

ppppp 为省/区域编码；

ccccc 为地市的编码；

yyyymmdd 为预报结果的预报起始日期。

6）上报空气质量预报结果报文

各地级市根据下发的预报文件解析预报后，需要将数据上报给各级预报业务部门。

报文样例如下：

24 20140701010000 地点 范围 1 空气污染扩散条件 1 1 001010，002020 003030，004040 005050，006060 007070，008080 009090，001111 001212，001313

48 20140701010000 地点 范围 1 空气污染扩散条件 2 2 001010，002020 003030，004040 005050，006060 007070，008080 009090，001111 001212，001313

72 20140701010000 地点 范围 1 空气污染扩散条件 3 3 001010，002020 003030，004040 005050，006060 007070，008080 009090，001111 001212，001313

72 小时内空气质量的潜势分析

NNNN

空气质量预报结果报文见表 3-5。

表 3-5　空气质量预报结果报文

段序	要素名	单位	长度（Byte）	说明
1 基本信息				
1.1	预报时长类型		2	时长分为 24、48 和 72，分别表示未来 24 小时、48 小时和 72 小时的预报时长类型
1.2	时间		14	格式为：yyyyMMddhhmmss
1.3	地点			
1.4	范围			
1.5	预警等级		1	
1.6	空气污染扩散条件			
1.7	空气质量（AQI）等级		1	空气质量指数（AQI）等级编码详见附表 2

段序	要素名	单位	长度（Byte）	说明
1.8	首要污染物		6	依《环境空气质量指数（AQI）技术规定（试行）》(HJ633—2012)计算出的首要污染物，每种污染物1位，最多存入6种污染物，不足6种污染物时低位用"9"填充。首要污染物编码详见附表3
1.9	O_3 浓度范围	$0.01\mu g/m^3$	13	分别记录最小值与最大值，中间用"，"隔开
1.10	$PM_{2.5}$ 浓度范围	$0.01\mu g/m^3$	13	同上
1.11	PM_{10} 浓度范围	$0.01\mu g/m^3$	13	同上
1.12	CO 浓度范围	$0.01\mu g/m^3$	13	同上
1.13	NO_2 浓度范围	$0.01\mu g/m^3$	13	同上
1.14	SO_2 浓度范围	$0.01\mu g/m^3$	13	同上
2	72小时内空气质量的潜势分析			
3	文件结束符		4	NNNN

有关存储说明如下：

（1）数据项均为定长。

（2）每个时次的预报数据各为一行，行尾用回车换行"<CR><LF>"结束，表示各为1行。

（3）各段中，数据项之间用1个半角空格分隔。文件结尾处加"NNNN"，表示全部记录结束。在各段中，某时次不需要预报的项目，相应记录用相应位长的"9"填充。

（4）数据位数不足时，高位补"0"。如 SO_2 浓度预报范围为 $10.10\mu g/m^3$ 至 $20.20\mu g/m^3$，记录为001010，002020。

3.4 常规监测数据传输协议

除预报信息交换与传输外，空气质量预报过程中还需考虑常规监测数据的支撑。以下为常规监测数据及其他数据（如气象数据）的传输协议。

3.4.1 污染物监测数据

3.4.1.1 监测数据内容

完整的监测数据记录其组成内容，包括子站编号、数据时标、各监测项目名称及其监测数据值、数据标识。

1）子站编号

指由中国环境监测总站编制和分发的国家环境空气质量评价城市点的唯一编号，一般由辖区编码和子站在该辖区的编号两部分构成。

2）数据时标

指监测数据所反映的采集时刻或统计时段时间值（精确到秒），采用北京时间记录和传输。对于采集数据，数据时标反映的是数据采集时刻的北京时间值。例如，在北京时间 2012 年 11 月 7 日 20 时 39 分 30 秒从仪器录得的监测数值，其时标为：2012-11-07 20：39：30。

对于统计数据，数据时标反映的是统计出该数据结果所采用的源数据时标所在的时间段，取该时间段中最大的源数据时标作为统计结果数据时标。例如，2012-11-07 19：01：00—2012-11-07 20：00：00 之间共 12 个 5 分钟均值统计得到的小时值其时标为：2012-11-07 20：00：00。

3）监测项目名称

指监测项目的标准名称，常规监测项目如：SO_2/NO/NO_2/NO_x/CO/O_3/PM_{10}/$PM_{2.5}$/风速/风向/气温/气压/湿度/雨量。

4）监测数据值

指各种项目对应的监测结果数值，对于采集数据，该值为从仪器录得的监测值；对于统计数据，该值为统计时段内各源数据值的算术平均值。为了简化传输协议，采用规定统一的单位，不再进行额外定义。报送数据单位规定见表3-6。

表 3-6　报送数据单位规定

监测项目	规定报送数据单位	监测项目	规定报送数据单位
SO_2	mg/m^3	$PM_{2.5}$	mg/m^3
NO	mg/m^3	风速	m/s
NO_2	mg/m^3	风向	deg
NO_x	mg/m^3	气温	℃
CO	mg/m^3	气压	hPa
O_3	mg/m^3	湿度	%
PM_{10}	mg/m^3	雨量	mm/h

5）数据标识

数据标识用于反映当前数据的有效性，其取值由当前系统工作状态、仪器工作状态及系统与仪器间的通信状态确定。不带数据标识（标识值为空）的监测数据将被视为有效值，带数据标识（标识值非空）的监测数据将被视为异常值。无论数值是否有效，均需要往上级平台报送，以维持平台原始数据库的数据完整性。数据采集及统计标识体系见表3-7。

表 3-7 数据采集及统计标识体系

符号	状态	说明
	数据有效	该数据为正常采样监测结果
H	有效数据不足	按照 5 分钟、1 小时均值计算要求，所获取的有效数据个数不足
W	等待数据恢复	等待采样、输送、分析/检测等运行过程就绪
BB	连接不良	工控机在设定等待时间内没有接收到所需信息代码
D	分析仪器离线	因维护、维修、更换等
B	运行不良	检测到相关分析仪器、辅助设备等出现的任何报警信息（信号）
R	数据突变	相邻数据之差超过可信范围
r	数据不变	数据持续不变超过可信时间
HSp	数据超上限	数据大于分析仪器量程最大值，或设定量值
LSp	数据超下限	数据小于分析仪器量程最小值，或设定量值
PZ	零点检查	正在检查分析仪器量程零点
PS	跨度检查	正在检查分析仪器量程跨度（一般为 80%满量程）
AS	精度检查	正在检查分析仪器量程精度（一般为 15%满量程）
CZ	零点校准	正在检查分析仪器量程精度（一般为 15%满量程）
CS	跨度校准	正在校准分析仪器量程跨度（一般为 80%满量程）
TZS	检定零点漂移	
TSS	检定跨度漂移	
TSR	检定跨度重现性	
TSL	检定多点跨度（线性）	

3.4.1.2 监测数据类型

1）AQI 日均值

AQI 日均值采用 1 小时均值进行统计，取算术平均，计算 SO_2、NO_2、CO、PM_{10}、$PM_{2.5}$、O_3-8 小时和 O_3。其中 SO_2、NO_2、CO、PM_{10} 和 $PM_{2.5}$ 采用当天 24 小时取算术平均值。

统计日均值时，统计时标区间内的有效小时均值不小于 20 个，则该日均值足数，如果有效小时均值大于 0 个小于 20 个视为有效数据不足。

例如，2013-03-08 01：00：00 至 2013-03-09 00：00：00 间的 24 个小时均值数据统计出来的数据为 2013-03-08 的日均值。

O_3 统计 24 小时内最大 8 小时均值与 24 小时内最大 1 小时均值；

统计 O_3-8 小时均值时，如果有效小时均值个数不小于 6 个，该 O_3-8 小时均值为足数，如果小时均值大于 0 个小于 6 个视为数据有效性不足。

依据规定，每天第一个 O_3-8 小时数据（08：00：00）的统计时间段为 01：00：00 至 08：00：00，最后一个 O_3-8 小时数据（00：00：00）的统计时间段为 17：00：00 至 00：00：00。

2）API 日均值

API 日均值采用 1 小时均值进行统计，取算术平均，只计算 SO_2、CO、NO_2 三项监测因子的均值。

统计时标区间内有效小时均值不小于 18 个，则该日均值为足数，如果有效小时数据大于 0 个小于 18 个视为有效数据不足。

例如，2013-03-08 12：00：00 至 2013-03-09 11：00：00 统计得到的数据为 2013-03-09 00：00：00 的均值。

3.4.1.3　标识赋予及数据统计规则

1）数据标识赋予规则

对于分析周期小于或等于实时值采集秒数的监测项目——连续性数据，每次均按照实际读取相关的仪器设备运行状态信息与信号赋予标识。

对于分析周期大于实时值采集秒数的监测项目——周期性数据，每当从相关仪器设备读取到可赋予数据有效标识的信息与信号后，则在其设定周期所需时间内每次均保持赋予数据有效标识，而在超过所需时间后仍然没有读取到可再次赋予数据有效标识的信息与信号，则赋予等待标识"W"，或者每次均按照实际读取信息与信号赋予相应标识。

2）数据均值统计规则

统计数据均值时，如果源数据中存在有效数据（标识为空）则取这些数据作算术平均，如果有效数据量足够（统计 1 分钟值时不少于 1 个有效实时值，统计 5 分钟值时不少于 1 个有效 1 分钟值，统计 1 小时值时不少于 9 个有效 5 分钟值）则视统计结果为有效值（赋标识为空），否则视为有效数据不足（赋标识为"H"）。

如果源数据中不存在有效数据，则取其中具有出现频次最高（频次相同取最后出现）的同标识源数据作算术平均，并沿用该标识作为统计结果数据的标识。

3.4.2　报送规则约定

1）通信方式

采用基于 IPv4 的 TCP Socket 进行数据传输。

2）单连接单线程

每个子站对每一个上级平台的数据报送采用单连接单线程进行，不允许子站向同一个平台启用多个 TCP 网络连接，也不允许子站使用多个线程对同一个平台报送数据。

3）数据回补约定

子站系统运行过程中可能会遇到网络故障或平台数据接收端故障导致数据报送失败，待相关故障恢复后子站系统应能补发之前报送失败的数据到上级平台。在平台端收到子站上报的历史数据（5 分钟均值、1 小时均值、1 小时仪器状态均值）时会有相应的应答信息返回，此时表示数据报送成功，如果子站较长时间内（建议 20 秒）未收到来自平台端的应答，则重新发送该数据记录，直到成功收到来自平台端的应答。历史数据报送队列不应过长，数据回补的最大期限不应超过 31 天，即 31 天前的历史数据如果无法成功报送，则不再尝试报送。对于实时数据（30 秒值），不需要进行数据回补，平台端不会对接收到的实时数据做出任何应答。

4）网络对时约定

平台端对子站历史数据报送的应答信息中包含了平台服务器实时时间（详见下文"数据传输协议"），子站系统可以根据该应答信息中的服务器时间，考虑网络传输延时等因素，进行子站本地系统校时。

如果子站同时往多个平台报送数据，建议取行政级别最高的平台服务器作为校时服务器（一般取国家平台）。

各子站与平台的校时频率应不低于每天一次。

3.4.3　数据传输协议

3.4.3.1　监测数据传输协议

子站系统需要将监测数据编码为固定格式的字符串才能为平台端正确识别。该字符串由 9 部分组成，传输时采用 GB 2312 编码：

1）数据类型声明，固定长度 4 字符

30 秒值：bn01

5 分钟均值：JZ12

1 小时均值：JZ16

AQI 日均值：JZ18

API 日均值：JZ06

（以上各"0"均为数字零）

2）子站编号，未规定长度

子站的全国唯一编号，以中国环境监测总站统一编制和分发为准。

3）数据时标，固定长度 19 字符

按照格式"yyyy-MM-dd HH：mm：ss"表示，如 2012-11-08 13：23：00。

4）数据头部分字符数，固定长度 4 字符

指本数据记录中 1-3 部分包含的字符数量，使用 4 位 16 进制字符串表示，最大值为 FFFF，不足 4 位时在前面补充字符"0"（如 1-3 部分的字符数为 31 个时，本部分的值为 001f）。

5）固定分隔符，固定长度 3 字符

本部分为包含 3 个@字符的固定值：@@@。

6）数据部分，不定长度

该部分列出各监测项目名称，监测数据值及数据标识。由组成结构相同的多个子部分组成，每个子部分对应一种监测项目。子部分之间用分号";"分隔，整个第 6 部分的内容也以分号结尾。子部分内监测项目、监测值和数据标识之间用逗号","分隔，如果某项目监测值为不带标识的有效值，逗号分隔符同样保留，标识内容留空。例如：

SO_2，0.010，；NO，0.001，；NO_2，0.051，；NO_x，0.052，；CO，0.512，B；

表示当前传输的数据中包含 5 种监测，其中：

SO_2 浓度为 0.010 mg/m^3，为不带标识的有效数据。NO 浓度为 0.001 mg/m^3，为不带标识的有效数据。NO_2 浓度为 0.051 mg/m^3，为不带标识的有效数据。NO_x 浓度为 0.052 mg/m^3，为不带标识的有效数据。CO 浓度为 0.512 mg/m^3，带标识 B。

7）固定分隔符，固定长度 3 字符

本部分为包含 3 个字符的固定值：tek

8）校验码部分，固定长度 2 字符

将校验码前面的所有字符（包括"tek"），使用 GB 2312 编码得到字节流，取第一个字节与字节 0x00 异或，结果与第二个字节异或，以此类推，至最后一个字节，并将最后结果字节转换为包含 2 个字符的 16 进制表达式（不足 2 位时前面补数字零）。

9）固定结束符，固定长度 4 字符

本部分为包含 4 个#字符的固定值：####完整的报送字符串范例如下，其中不同的部分间已用带下划线字体区分：

<u>JZ124401000120</u>12-11-08 15：45：<u>0</u>0001f<u>@@@</u>SO_2，0.121，；NO_2，0.097，；CO，0.055，；O_3，0.102，；雨量，8.9，；风速，10.2，；<u>tek</u>07<u>####</u>

3.5 预报信息交换系统总体框架设计与应用

建立全国环境空气质量预报信息交换体系、传输规范及其应用平台，可为"国家-区域-省-城市"全覆盖范围下的大气污染防治、应对重污染天气预警应急和公共信息服务提供技术支撑。全国环境空气质量预报信息交换系统，作为预报信息交换与传输的载体，对

空气质量预报指导产品等信息内容进行"国家-区域-省-城市"的共享与传递。以下进一步对全国环境空气质量预报信息交换系统（一期建设内容）从需求分析、建设目标、关键技术、系统结构与功能设计等方面加以阐述说明。

3.5.1　需求分析

3.5.1.1　国家预报指导产品分发

国家向区域中心分发不同时次（如 00～168 h）的气象、大气数值模式预报、污染源追踪等指导产品，区域中心向省、市提供预报指导产品下载接口，为区域、省、市的日常预报业务提供基础数据支撑。

3.5.1.2　区域、省、城市信息规范化上传

根据信息交换产品目录清单，区域、省和城市可上传未来 24～72 小时的空气质量预报信息（包括空气质量等级、AQI 范围和首要污染物等）、预警信息（包括发生的时间、地点、范围、预警等级）、其他可选上传信息，遵循规范上传，形成国家层面的信息整合。

3.5.1.3　国家-区域-省-城市信息共享

大部分地市在现有资源条件下优先选择建设统计预报模式系统，但非常希望得到国家、省的预报指导产品、人工预报指导（预报经验）及业务规范方面的支撑，也希望能共享周边/全国源清单、其他预报数据。按照一定的共享机制，在权限范围内进行预报预警、源清单等不同类型数据的共享，提高预报准确度，为人工预报提供支撑。

3.5.2　建设目标

到 2015 年年底，已建立全国直辖市、省会城市和计划单列市 36 个城市环境空气质量预报预警信息交换系统，通过每日定时对预报指导产品进行分发，有效支撑全国直辖市、省会城市和计划单列市 36 个城市的日常预报业务；同时，36 个城市预报部门通过该系统自行联网填报预报结果，并通过虚拟专用网（VPN 专网）每日定时向中国环境监测总站报送预报信息，实现中国环境监测总站与全国 36 个城市预报预警中心的预报信息交换共享，进而为大气污染防治、应对重污染天气预警应急和公共信息服务提供技术支撑，为日后全国最终建立"国家-区域-省-城市"多级空气质量预报预警信息交换系统发挥示范带动作用。

全国直辖市、省会城市和计划单列市 36 个城市具体指北京、上海、天津、重庆 4 个直辖市，石家庄、太原、呼和浩特、沈阳、长春、哈尔滨、南京、杭州、合肥、福州、南昌、济南、郑州、武汉、长沙、广州、南宁、海口、成都、贵阳、昆明、拉萨、西安、兰

州、西宁、银川、乌鲁木齐 27 个省会城市和大连、青岛、宁波、厦门和深圳 5 个计划单列市。

未来将进一步针对国家、区域、省和城市对于空气质量预报指导产品下发、预报业务指导、信息上传与数据共享服务方面的需求，从体系、规范、系统、服务方面，提出全国环境空气质量预报预警信息交换框架。

3.5.3 系统开发技术

3.5.3.1 B/S 系统结构

B/S 结构（Browser/Server，浏览器/服务器模式），是 Web 兴起后的一种网络结构模式，Web 浏览器是客户端最主要的应用软件。这种模式统一了客户端，将系统功能实现的核心部分集中到服务器上，简化了系统的开发、维护和使用。客户机上只要安装一个浏览器（Browser），如 Internet Explorer，服务器安装 SQL Server、Oracle、Sybase、Informix 等数据库。浏览器通过 Web Server 同数据库进行数据交互。这样就大大简化了客户端电脑载荷，减轻了系统维护与升级的成本和工作量，降低了用户的总体成本。

考虑到目前无论是环境监测单位的信息化办公还是社会公众对计算机的使用都是以微软的 Windows 平台为主，而本项目设计的系统正是一方面面向环境监测人员的管理使用，另一方面面向公众有关环境数据的发布服务。B/S 架构本身也大大方便用户通过客户端对系统进行访问和使用。使得整个系统与 Windows 操作系统有着极大的兼容性，最大限度上保障了对环境监测使用人员以及公众发布服务的实用性和易用性。

3.5.3.2 Microsoft .Net Framework

平台采用 Microsoft .Net Framework 作为主要的技术路线，.Net Framework 具有如下优点：

1）框架成熟稳定

自 2002 年发布 1.0 版本以来，.Net Framework 经历了多次里程碑式的版本更新，目前最新版的.Net Framework 4.0 发布于 2010 年 4 月。经过近 10 年的发展，在 Microsoft 始终保持在世界前列的技术力量推动下，.Net Framework 已经非常成熟可靠，逐渐成为 Microsoft Windows 操作系统环境下各类信息系统开发项目的首选技术。

2）开发周期短

.Net Framework 开发采用完全面向对象的标准，并在框架层面提供了海量的基础类库供开发者方便地调用，大大缩短了开发周期，实现更有效的开发成本控制。另外，MSMQ、.Net Remoting、XML Service 技术在.Net 框架中的完美支持，为开发更复杂、更高效的分布式海量数据处理系统提供了良好的技术基础。

3）与 Windows 系列操作系统紧密集成

多年以来，Windows 操作系统在全球操作系统市场中稳居第一位，尤其在桌面操作系统市场，Windows 操作系统始终保持着90%以上的市场占有率。.Net Framework 与 Windows 操作系统的紧密集成，使得基于这套框架的软件系统可以在 Windows XP/Windows 2000/Windows 2003/Windows 7/Windows 2008 等操作系统间无缝地迁移。

当前，已经有一些流行的也比较成熟的软件产品能够很好地支持关系型数据模型，这些产品也因此被称为关系型数据库管理系统（Relational Data Base Management System, RDBMS）。例如，微软公司的 Microsoft Access 和 MS-SQL Server，Sybase 公司的 Sybase，甲骨文公司的 Oracle 以及 IBM 公司的 DB2。其中，Microsoft Access 是一个中小型数据库管理系统，适用于一般的中小企业；MS-SQL Server、Sybase 和 Oracle 基本属于大中型的数据库管理系统；而 DB2 则属于大型的数据库管理系统，并且对计算机硬件有很高和专门的要求。以 Microsoft SQL Server 系列产品为例，该产品在 Microsoft 的数据平台上发布，帮助用户随时随地管理数据。它可以将结构化、半结构化和非结构化文档的数据（如图像和音乐）直接存储到数据库中。SQL Server 提供一系列丰富的集成服务，可以对数据进行查询、搜索、同步、报告和分析之类的操作。

3.5.3.3 ASP.NET MVC

ASP.NET MVC 是微软官方提供的以 MVC 模式为基础的 ASP.NET Web 应用程序（Web Application）框架，该框架具有如下特点：

1）分离任务（输入逻辑、业务逻辑和显示逻辑），易于测试和默认支持测试驱动开发（TDD）。所有 MVC 用到的组件都是基于接口并且可以在进行测试时进行 Mock，在不运行 ASP.NET 进程的情况下进行测试，使得测试更加快速和简捷。

2）可扩展的简便的框架。MVC 框架被设计用来更轻松的移植和定制功能。可以自定义视图引擎、UrlRouting 规则及重载 Action 方法等。MVC 也支持 Dependency Injection（DI，依赖注入）和 Inversion of Control（IoC，控制反转）。

3）强大的 UrlRouting 机制可以更方便地建立容易理解和可搜索的 Url，为 SEO 提供更好的支持。Url 可以不包含任何文件扩展名，并且可以重写 Url 使其对搜索引擎更加友好。

4）对现有的 ASP.NET 程序的支持，MVC 可以使用如窗体认证和 Windows 认证、Url 认证、组管理和规则、输出、数据缓存、Session、Profile、Health monitoring、配置管理系统、Provider architecture 特性。

3.5.3.4 Microsoft SQL Server

Microsoft SQL Server 系列产品在 Microsoft 的数据平台上发布，帮助用户随时随地管理任何数据。它可以将结构化、半结构化和非结构化文档的数据（例如图像和音乐）直接存储到数据库中。SQL Server 提供一系列丰富的集成服务，可以对数据进行查询、搜索、同步、报告和分析之类的操作。数据可以存储在各种设备上，从数据中心最大的服务器一直到桌面计算机和移动设备，可以控制数据而不用管数据存储在哪里。

SQL Server 允许用户在使用 Microsoft .NET 和 Visual Studio 开发的自定义应用程序中使用数据，在面向服务的架构（SOA）和通过 Microsoft BizTalk Server 进行的业务流程中使用数据。与 Microsoft 其他产品紧密集成，信息工作人员可以通过他们日常使用的工具（例如 Microsoft Office 2007 等系统）直接访问数据。SQL Server 提供一个可信的、高效率智能数据平台，可以满足各类数据需求。

在考虑本项目数据存储方面要求的前提下，与 Oracle 等其他大中型关系数据库系统软件相比，SQL Server 在部署总成本（硬件性能要求和软件授权费）、软硬件平台性能利用率以及维护工作的方便性等方面存在较大的优势；与 MySQL 等开源关系数据库相比，在功能完整性，备份、同步及各类管理的便利性以及技术支持方面 SQL Server 全面占优。

综上，基于平台数据存储和访问需求、建设成本、管理维护成本等多方面的综合考虑，选用 Microsoft SQL Server 作为平台主要的关系数据库系统是最优选择。

3.5.4 系统结构与功能设计

3.5.4.1 结构设计

1）逻辑架构设计

本预报预警信息交换平台主要由预报预警信息交换系统国家业务平台、国家预报预警 VPN 网络、预报预警信息交换系统区域业务平台、预报预警信息交换系统省级业务平台和预报预警信息交换系统市级业务平台组成。

本系统从国家空气质量集合预报预警系统数据服务器中提取预报预警业务需要分发的指导产品，通过信息交换 VPN 传输网络，下发到区域中心，区域中心将国家指导产品进一步下发至所辖省级中心，省级中心进一步将国家指导产品下发给所辖地市。与现有信息交换系统不同，国家不直接下发指导产品给省、市。此外，区域之间、省之间均进行数据备份，当单线网络故障后，地市仍然可以从备份处获取指导产品。系统的系统业务构架见图 3-3。

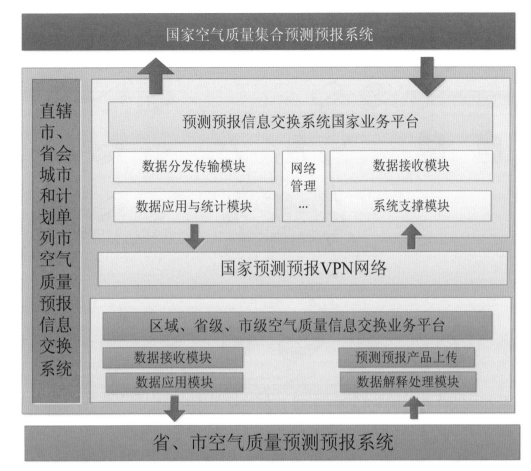

图 3-3 系统逻辑架构示意图

2）物理架构设计

系统项目的硬件架构如图 3-4 所示，采用数据库服务器实现交换数据信息的存储与数据服务，采用应用服务器和 Web 服务器承担相关的业务数据处理、Web 服务响应等任务。数据中心采用千兆以太网为骨干网搭建局域网，实现各类服务器、客户端之间的连接。使用路由器与外部网络连接，向其他相关职能部门、公众等提供数据服务和信息发布，采用防火墙从硬件上防止黑客攻击及病毒入侵。

根据业务需要，国家中心配置不同等级与数量的应用服务器、数据库服务器、其他服务器、交换机、防火墙、路由器等，采用千兆或万兆以太网连接组成业务硬件平台。

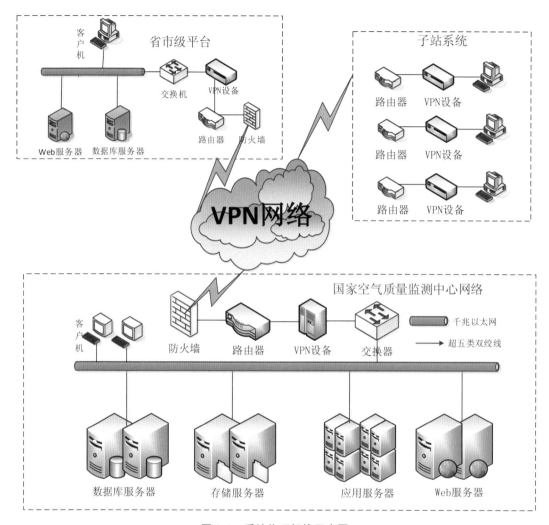

图 3-4　系统物理架构示意图

3）软件结构

在软件结构设计上，系统采用典型的三层架构设计，包括表现层、业务逻辑层和数据服务层，如图 3-5 所示。

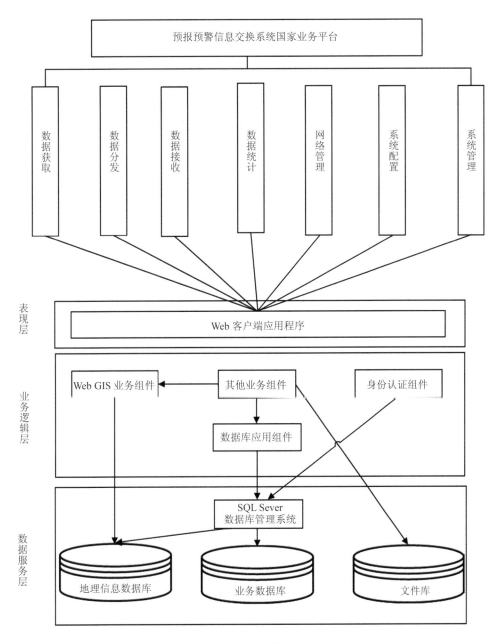

图 3-5 系统结构设计

3.5.4.2 功能设计

1）预报预警信息交换系统国家业务平台

预报预警信息交换系统国家业务平台系统功能见图 3-6。

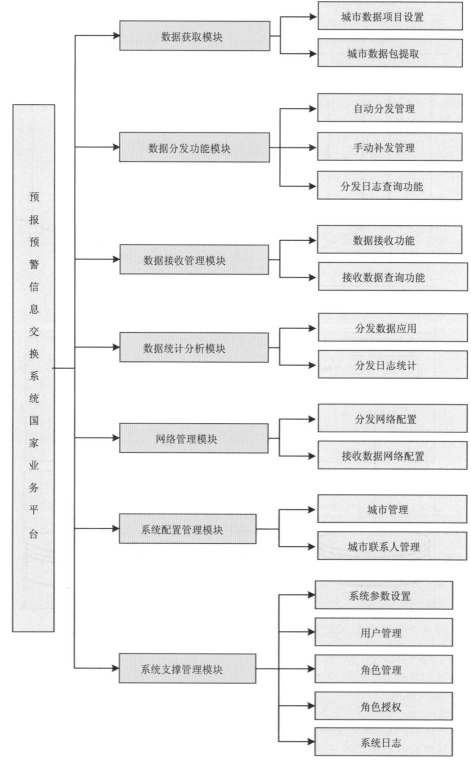

图 3-6　国家业务平台功能设计

（1）数据获取模块

数据获取功能主要去预报系统生成系统提取各城市需要的预报产品包，主要功能包括城市数据项目设置、城市数据包提取两个功能组成。

①城市数据项目设置：国家平台管理人员按各城市需求设置数据项目，根据设置的项目提交给预报预警生成系统生成城市预报指导产品包。

②城市数据包提取：通过城市数据项目设置去预报产品生成系统提取各城市的预报产品包，当城市数据包提取完成后通知数据分发服务。

（2）数据分发功能模块

数据分发功能主要包括自动分发管理、手动补发管理和分发日志查询3大功能。

①自动分发管理：自动分发管理将管理对各省/市平台发送预报产品包的业务规则管理，主要管理预报产品包发送城市数据内容、发送数据时间、发送补发次数、发送数据是否成功等规则的添加、删除、编辑等操作。每个城市分发内容的数据量大约为：六项目污染物日均分布图（300 kB×6×7）+站点 $PM_{2.5}$ 垂直分布图（6 kB×站位数）+ 污染物的网络数据（30 kB×5 km 格点网格数）+场格点数据（30 kB×12）+同化后的分析场（200 kB×24）＝约 600M。预报预警交换平台共有 36 个城市，系统每天下发的数据总量为 20TB。

②手动补发管理：手动补发功能提供给系统管理人员对自动分发数据包失败城市进行补发管理。功能通过选择预报产品包的时间和分发城市，将预报产品包补发给省/市平台。主要包括对补发记录的添加、删除、编辑功能。

③分发日志查询：系统用户通过选择时间范围、区域、发送状态等条件，查询出符合条件的分发日志记录详细信息。对于查询出来的结果，会以列表的形式展示出来，并可以将结果数据以 Excel 文件格式导出。

（3）数据接收管理模块

数据接收管理模块主要有数据接收功能和接收数据查询功能组成。

①数据接收功能：数据接收功能是由国家平台提供给各省/市预报预警信息交换平台上传预报预警信息的预报预警产品数据、源清单数据、城市预报预警平台系统的六种污染物（臭氧 O_3、细颗粒物 $PM_{2.5}$、可吸入颗粒物 PM_{10}、一氧化碳 CO、二氧化氮 NO_2、二氧化硫 SO_2）的预报浓度范围、站点 $PM_{2.5}$ 垂直分布图、城市需要的边界条件与初始场格点数据等数据。

②接收数据查询功能：对于各省/城市预报预警信息交换平台已上传的历史结果数据，可以通过选择时间和城市、数据分类等条件进行数据查询操作，同时对查询出来的结果记录，可以进行导出的操作，数据会议 Excel 文件的信息导出。

（4）数据统计分析模块

数据统计分析模块包括分发数据统计分析、分发日志综合展示、接收数据统计分析三部分功能。

①分发数据统计分析：对分发六种污染物[臭氧（O_3）、细颗粒物（$PM_{2.5}$）、可吸入颗粒物（PM_{10}）、一氧化碳（CO）、二氧化氮（NO_2）、二氧化硫（SO_2）]的预报浓度范围、7种气象数据、初始场数据进行综合分析，以不同的维度统计出各省/城市使用情况，以饼图、折线图和柱状图3种形式直观展示统计的结果，并能够对生成的统计图进行导出的操作。

②分发日志综合展示：系统管理人员对分发日志的查询统计，将查询出来的结果以柱状图和列表的形式显示出各个城市的分发数据情况。同时，系统会利用 GIS 技术，将各个城市使用情况在电子地图上综合展示。通过分发数据应用与统计的模块，实现对数据进行时间、空间上统计，生成折线图、饼图，并能够对生成的统计图进行导出的操作。

③接收数据统计分析：对接收数据记录进行综合分析，以不同的维度统计出各省/城市使用情况，以饼图、折线图和柱状图3种形式直观展示统计的结果，并对能够生成的统计图进行导出的操作。

（5）网络管理模块

网络管理模块功能包括：分发网络配置和接收数据网络配置。

①分发网络配置：管理员为已入库的城市配置 IP，用于分发报文和预报产品包，增加分发的明确性。同时可以通过分发网络配置功能，查询现有的分发点信息。并能对城市记录进行增、删、查和改的操作，使系统对分发点的配置更灵活简便。

②接收数据网络配置：接收数据网络配置主要是各省/城市平台上传数据权限管理，分配城市用户上传密码、上传时间、是否启用等信息进行查询、修改、删除等操作。

（6）系统配置管理模块

系统配置管理模块包括：城市管理和城市联系人管理两大功能。

①城市管理：城市管理主要包括城市名称、编号、纬度、经度等信息的添加、删除、编辑功能。

②城市联系人管理：城市联系人管理是对系统内的各城市联系人信息的管理。城市联系人信息主要有省份名称、城市名称、联系人姓名、手机号码、邮箱等信息新增、编辑和删除的操作，同时用户可以指定查询的条件，对城市联系人的信息进行查询的操作，查询的结果可以以 Excel 文件的形式进行导出。

（7）系统支撑管理模块

系统支撑管理模块包括：系统参数设置、用户管理、角色管理、角色授权和系统日志五部分功能。

①系统参数设置：设定系统进行分发报文及预报产品包的时间和开发省/城市平台上传数据的时间范围。设定系统的启停，可以控制系统是否进行分发，从而能动态灵活地控制系统的分发工作。

②用户管理：实现对系统用户的查询、新增、修改、删除、禁用、授权操作。当在创建新增用户时即需要对该用户进行用户分组和用户角色的分配。创建新增用户后可对用户进行授权。

③角色管理：用户角色在系统中默认有超级管理员、普通管理员、城市用户角色。实现对系统内角色的查询、新增、删除、编辑。可对角色所属分组进行重新分配。

④角色授权：角色授权是对系统角色的授权操作，实现对角色是否拥有系统内某个页面的访问权限的控制。首先选择分组，列出所选分组下的相关角色，选择角色，选择系统功能模块，系统将列出对应模块权限。

⑤系统日志：统计日志详细记录系统运行状态。对于重要的操作，如数据的入库操作、数据的输出操作、数据的编辑处理等，均需要记录在日志中。

2）预报预警信息交换系统省/市业务平台

预报预警信息交换系统省/市业务平台系统功能如图3-7所示。

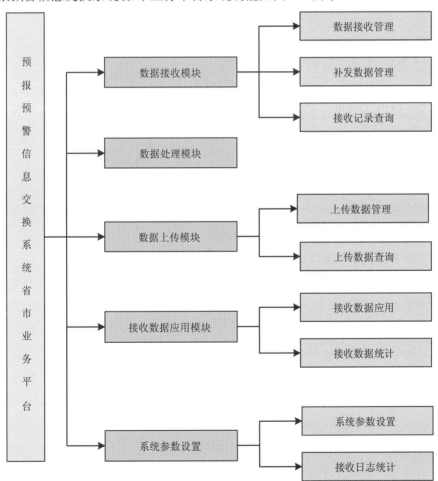

图3-7　省/市业务平台功能结构图

省/市业务平台主要包括数据接收模块、数据处理管理模块、数据上传管理模块、接收数据应用模块、系统管理模块五个部分。

（1）数据接收模块

数据接收模块由数据接收管理、补发数据管理和接收记录查询三部分组成。

①数据接收管理：对总站下发的 12 种预报指导产品包（详见附表一），通过系统接收数据管理功能把数据进行分类、分目录存储管理，并将数据接收情况告知数据处理功能进行处理数据和通知国家平台是否成功接收数据。如接收异常，添加补发申请记录，让国家平台重新发送预报产品包数据。另外城市用户可以对接收时间、是否启动接收、存放文本数据目录等规则进行设置。

②补发数据管理：补发数据管理主要对向国家平台补发指令添加、删除、查询等操作管理。

③接收记录查询：平台用户通过时间范围、记录类型、状态等条件查询接收记录数据，并使用列表形式进行展示。用户能将查询结果通过 Excel 导出。

（2）数据处理管理模块

对接收到国家平台下发的 12 种预报指导产品包进行数据分拆和存储到数据库，把经过处理的存储数据给省/市站用户查看及使用。另外还对预报预警上传的源清单、空气污染扩散条件、AQI 值级别范围等数据经过处理形成易于传输的文件包，提交给数据上传管理模块进行数据上传到国家平台。

（3）数据上传管理模块

数据上传管理模块主要由上传数据管理和上传数据查询两大功能组成。

①上传数据管理：城市空气质量多模式预报预警系统生成的浓度区域形势场、城市源清单数据、预报的结果数据、初始格点数据等信息提交给数据处理模块处理后，使用数据上传管理功能将数据上传到国家平台，分享给其他的城市学习和使用。

②上传数据查询：平台用户在系统选择时间范围、数据类型条件查询上传数据信息，并以列表的形式显示出来。对于查询出来的结果，可以进行导出操作，导出后的数据会以 Excel 的形式显示出来。

（4）接收数据应用模块

接收数据应用模块由接收数据应用和接收数据统计两大功能组成，方便省/市站使用接收下发数据应用到省、市预报预警系统。

①接收数据应用：接收数据应用主要把接收的预报数据 6 种污染物的浓度区域形势场、城市空气质量（AQI）基础预报等信息，7 种气象数据（气温、气压、风向、风速、降雨量、相对湿度、能见度）以列表或图表的形式显示出来。显示出来的结果，可以进行导出的操作，导出后的数据会以 Excel 的形式展示。

②接收数据统计：对接收数据进行时间、空间综合分析，以不同的维度统计出各省/城市使用情况，以饼图、折线图和柱状图 3 种形式直观展示统计的结果，并对能够生成的统计图进行导出操作。

（5）系统参数设置模块

①系统参数设置：设置系统启停、国家平台接收 IP 地址、城市编号、城市名称等参数信息管理，从而能动态灵活地控制系统的接收和上传数据工作。

②系统日志查询：系统日志查询系统运动异常信息、系统服务运行状态、数据编辑处理等日志记录。

第4章 省级预报信息交换系统架构

省级预报信息交换系统，应能够与国家的信息交换系统相衔接，能够支持省际之间的区域协作、支持省内部门间信息交换和共享、支持城市部门业务开展。

4.1 综合业务预报信息共享平台

以广东省为例，广东省下辖 21 个地级市，大部分城市均已建成本市空气质量预报预警系统并实现预报结果的业务化发布。为全面推进预报工作，及时有效实现省市预报信息共享，优化信息资源配置，提供方便快捷的预报信息产品服务，建立省市预报信息交换共享体系，包括基础数据库、信息交换管理系统、预报产品综合展示系统，主体架构如图 4-1 所示。

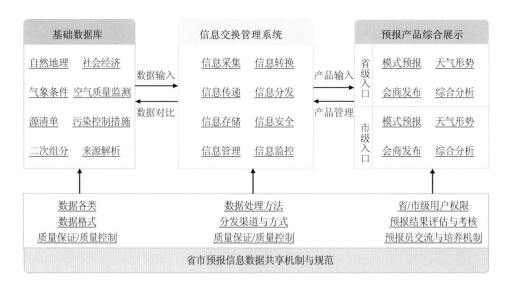

图 4-1　广东省省市预报信息交换共享架构

4.1.1　基础数据库

根据数据特征和类别，基础数据库包括城市空气质量实时监测、自然地理信息、社会经济发展指标、气象、污染源控制措施、源排放清单、二次组分监测分析和污染来源解析等数据。开展数据处理和数据质量控制，实现有序整合。

4.1.2　信息交换管理系统

广东省各地市结合自身实际情况和空气质量预报需求，采用了多样化的空气质量模型和算法，搭建了各具特色的空气质量预报系统。为充分利用省市各地预报信息，建立省市预报信息交换管理系统，实现省市空气质量预报信息库共享和业务对接。省级信息交换管理系统包括信息采集转换、分发传递、安全保护模块。

省级用户收集全省每日空气质量实况、天气实况和形势预测结果的图表及数据、空气质量模型预测结果的图表和数据等，并转换成统一格式，采取统一的命名规则，定时自动分发给市级用户。地市用户按照自身需求，在有需要的时候也可以采集转换需要共享的资料。

省级和地市级用户可以进行相互之间不定时手动的资料传递，考虑信息量的日益增长，分发和传递的信息可以采取多样化的储存方式，省级用户每日定时分发的信息储存在省中心的服务器上，地市可以通过端口访问，各地市不定时手动传递的信息可以根据数据量大小设定为储存在省市双方的服务器上，或者只储存在一方的服务器上。

配置信息安全等级保护模块，既能够使系统达到网络安全、主机安全和数据备份和恢复等要求，又能够有效地实现入侵防护，辨别各种常见的病毒，同时能够对网络流量进行各种监控，对带宽进行控制。使用冗余备份，确保数据存储安全。采用 FTP 方式外部访问，通过授权确保安全访问，避免外部对磁盘空间直接操作。

4.1.3　预报产品综合展示系统

根据省市开展空气质量预报的不同工作需求，分设省级和市级用户登录账号，可实时查看省级和市级模式预报结果、天气形势实况与预报结果、预报结果和污染过程综合分析等信息，同时具备省市会商功能，用于重大活动空气质量保障或污染管控等过程。原则上各市只能查看自身的预报产品综合信息，如需查看省级或其他城市信息，需向平台管理员提出申请并审核通过后再查看。

4.2 环境监测大数据集成的预报信息共享平台

浙江省平台主要由三部分组成，包括环境大气监测网络数据集成管理应用系统、空气质量多模式预报系统、日报预报信息会商与发布系统。

由省环境监测中心建立统一的环境大气监测网络数据集成管理应用系统，系统接入全省已建、改建、在建的所有的空气质量监测站点，包括城市站、区域站、超级站、背景站、移动站、遥感工作站。依据所属区域和权限，授权不同用户登录，查看和管理管辖区域内站点和数据。

综合利用环境大气监测网络数据集成管理应用系统，对集成数据进行分析，建立空气质量多模式预报系统，开展省级形势预报和城市精细化 AQI 预报，实施日报预报信息会商与发布。

为了实现上述平台功能，建立数据共享架构接口，包括：与环保部环境自动监测系统接口，与省环保厅发布平台系统交互接口，与地级以上城市预报及统计系统接口，与长三角区域中心预报系统进行数据交互接口，部门间应用系统导入或导出接口。

河南省省市预报信息交换共享平台用于河南省省、市两级环境保护部门有关环境空气质量监测、预报信息的实时交换与共享应用。省级环保部门向所辖城市提供空气污染过程预报指导产品，对城市空气质量预报进行业务指导，省市两级资源共享，共同推动全省区域重污染天气预报预警、应急联动和大气污染的联防联控，为改善全省环境空气质量提供技术支持。

河南省 18 个省辖市模式预报产品通过开通不同的 FTP 账号的方式从河南省环境监测中心站定时下载，数据共享网络架构见图 4-2。

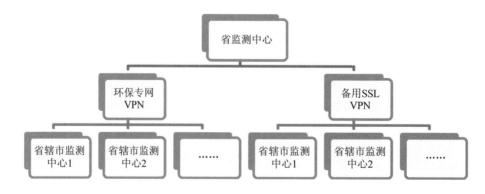

图 4-2 数据共享网络架构图

4.3 全备份的预报信息共享平台

以四川省为例，在四川省站建立一个预报主系统、在南充建立一个预报备份系统。其中，省站预报主系统与空气质量监测网络系统协同工作，南充监测预报系统作为镜像备份，确保省站预报主系统在出现意外的情况下，全省空气质量预测预报业务能够继续开展。

设计架构采用了目前较为流行的异地双活模式，充分考虑了业务的高可用及水平延展。两个数据中心同时处于运行状态，同时承担预测预报业务，提高数据中心的整体服务能力和系统资源利用率。整体架构如图 4-3 所示。

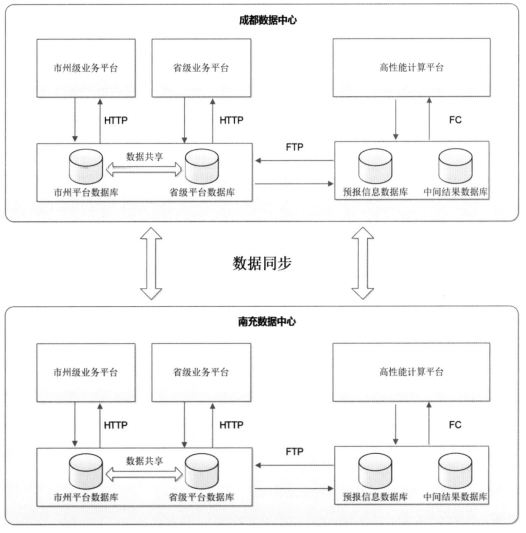

图 4-3　四川省市预报信息交换共享架构

第5章 全国预报可视化会商架构与技术要求

5.1 概述

随着国家、区域、省、市级环境空气质量预报预警业务的开展，特别在重污染天气、重大活动保障工作时，各地预报部门会与其他环保部门、气象部门等相关单位开展联合会商。而可视化会商方式以其快速、高效、稳定的传输特点，在空气质量预报会商工作中发挥了重要的作用。

环境空气质量预报可视化会商系统是通过先进的多媒体通讯手段，运用音频、视频播放、演示、录制等功能，实现不同预报单位、预报人员对未来空气质量的共同会商、研判，从而总结预报经验，进一步提高各级环境空气质量的预测水平。

5.2 可视化会商系统架构设计

空气质量预报预警可视化会商系统是实现国家、区域、省和地市级预报预警中心之间开展以首席预报员、值班预报员、会商专家等多方共同参与预报会商的基础工作平台。它需支持与会各方之间的视音频交互和预报信息的高清共享。

5.2.1 总体架构设计

5.2.1.1 技术选型

1）采用基于 TCP/IP 的高清视频会议系统

为满足业务会商系统对传输图像质量和灵活组网的要求，系统需基于 TCP/IP、支持 H.323 协议、支持 1080P 的高清视频会议系统。

2）双流视频传输

系统需支持基于 H.239 标准的动态双流模式，实现会场图像和预报信息同时传输到各个会场，且双路图像都支持全动态。

多级级联架构

会商业务中可能涉及到国家、区域、省、地级市同时参与某个会商会议，如采用星组网非常复杂，因此系统采用多级级联方式。第一级将国家、区域、省和部分重点预报中心进行组网，第二级是以区域中心为单位，将区域中心、区域下属的省和部分进行组网，第三级以省为单位，将省和其下属的地级市预报中心进行组网。

各级单位在建设中，需考虑级联兼容性问题，建议在设备选型时进行兼容性测试。

4）向局域网、移动网络拓展

考虑移动技术的发展，系统应具有面向桌面、移动终端扩展的能力，支持通过移动终端和软件方式参与会商。

5）录播和点播

考虑预报预警回顾和分析、研判的学习，建议系统具备录播和点播功能。

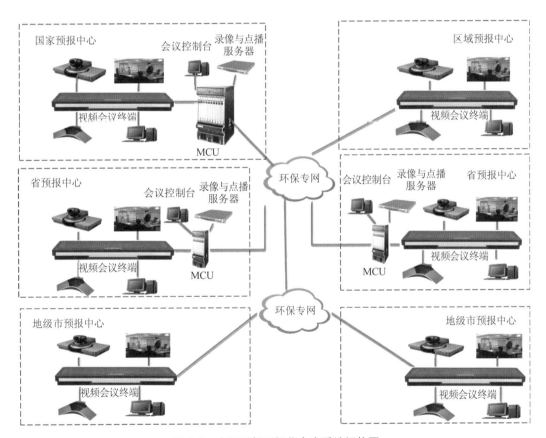

图 5-1　全国预报可视化会商系统拓扑图

5.2.1.2 架构组成

1）四级用户

国家预报中心、区域预报中心、省级预报中心和市级预报中心。

2）三级组网

国家级组网、区域级组网和省级组网。

3）传输网络

采用环保专网。

5.2.2 网络系统设计

5.2.2.1 网络带宽需求

为了保证会商系统的图像和声音的传输质量，确保视频会商正常开展，其网络带宽需求如下：

1）传输网络带宽需求

每个分会场至少配置独享 2.4Mb/s 网络带宽到主会场，建议配置独享 8Mb/s 网络带宽；主会场至少配置 $N\times2.4$Mb/s 网络带宽，建议配置 $N\times8$Mb/s 网络带宽。N 为主会场最大需要支持的分会场数。

2）视频会议设备网络带宽需求

MCU 网络接入：1 000Mb/s 与网络交换机连接；

视频会议终端网络接入：100Mb/s/1 000Mb/s 与网络交换机连接。

5.2.2.2 网络加速需求

考虑视频会议系统的图像和声音传输对网络带宽持续保证有较高的要求，因此基于 IP 网络组网的视频会议系统需充分考虑网络 QOS 保证。因此在配置 MCU 会场的接入网络中建议配置网络加速设备或选择能灵活设置 QOS 的路由器，优先保障视频会议系统的网络带宽使用。

5.2.3 会商室建设设计

会商室可由会议室、控制室和机房等房间组成。会议室的面积根据参加会议的总人数确定，可按每人平均 2.2 m² 计算，并根据实际需要增加面积。

具体建设要求可参考《会议电视会场系统工程设计规范》（GB 50635—2010）等相关标准规范。

5.3　可视化会商技术要求

可视化预报会商系统主要由控制系统、终端系统和相关软件系统组成。控制系统由多点控制单元（MCU）、视音频信号切换控制器、音频控制台等设备组成。终端系统由视频会议终端、摄像头、麦克风、视频显示设备（拼屏、投影、液晶显示屏等）以及音频输出设备（功放、音箱等）等组成。具体选择的类型与数量可根据实际情况和预算自行制定。软件系统由音、视频系统管理平台、网络录播系统等组成。

5.3.1　基本要求

国家预报中心、区域预报中心需具有独立的多点控制单元、视频会议终端和相应音视频输入输出设备，与省级站的省级会商系统相互独立，但可以根据容量选择接入地级市站。各省级站需具有独立的多点控制单元、视频会议终端和相应音视频输入输出设备，可连通国家和区域会商网络，省级站会商系统的可扩展性由各省级站自行制定。

各地市级需具有独立的视频会议终端和相应音视频输入输出设备，视频会议终端可通过上一级会商中心的多点控制单元接入国家、区域或省级会商网络。

以上是各级可视化预报会商系统最低的基本要求。同时，系统应具备先进性、稳定性、安全性、兼容性和可扩展性。系统应用软件应具备易操作性、实用性和规范性。网络传输信道应保证足够带宽和具有服务质量（QoS）保证。

5.3.2　功能要求

可视化预报会商系统应具有提供各会商现场间的音视频互动交流、发言人的计算机信号广播功能。

1）多点控制单元（MCU）

（1）MCU 用于控制多个视频会议终端用户相互通信，具有系统信令处理、音视频媒体数据交换等功能的设备。

（2）系统支持 ITU-T H.323 和 IETF SIP 协议标准，呼叫带宽支持 64 kb/s～8Mb/s。

（3）设备采用硬件平台，支持 1080P 60 帧、1080P30 帧、720P60 帧、720P30 帧的编解码，并向下兼容 4CIF、CIF 图形格式。提供智能混速功能，允许不同速率终端接入会议，支持智能流量适配。

（4）支持标准 H.239 双流和 SIP 协议下 BFCP 双流协议，辅流最大支持 1080P60 帧图形格式。

（5）MCU 需支持实现国家、区域、省和城市多级级联。上、下级 MCU 之间建立多路通道级联，MCU 间能够同时传送多路码流。

（6）MCU 具有良好的扩展性，能够通过增加板卡实现系统容量的平滑扩展。

（7）MCU 具备较强的抗丢包能力，在 20%丢包下，语言连续清晰、视频清晰流畅。

2）视频终端

（1）完成媒体流编解码和视音频输入、输出设备的对接。

（2）支持 1080P 30 帧以上双流全高清视频，支持双流协议 ITU-T H.239。

（3）支持信令和媒体流加密，支持智能调速、丢包重传。

（4）具备较强的抗丢包能力，在 20%丢包下，语言连续清晰、视频清晰流畅。

3）摄像仪

（1）支持 10 倍以上光学变焦，支持 1080P 高清视频输出。

（2）支持摄像仪倒装，变异摄像仪倒装在天花板上。

（3）支持摄像仪预置位，快速定位。

（4）延迟要求：系统支持 H.264 SVC 等技术，保证网络丢包率低于 20%情况下视音频质量不受影响。

（5）协议支持要求：视频编码支持 H.261、H.263、H.264 和 H.239 协议，音频协议支持 AAC-LD、G.719、G.722.1c、G.772.1、G.722 协议。

（6）画面切换：支持会议自动轮询，支持多种格式多画面，可在单画面与多画面间自由切换或调整多画面的组合。

（7）会议模式：支持三种以上会议控制模式（主席模式、语音激励模式、导演模式、轮询模式）。

（8）信息安全：系统支持会议密码、H.235、AES、支持辅流锁定、支持 TLS/SRTP 会议加密。

（9）图像录制和点播（可选）：传输系统采用 1080P 会议图像录制，可同时录制会议现场实况主流及图文资料辅流音视频图像，同时录制会议高、标清码流，满足视频会议直播和点播的需求。

（10）视频系统管理平台（SC）（可选）：具备对 MCU、终端等硬件设备的集中管理，具备 GK 注册功能，具备会议预约、会议控制、硬件设备管理、设备运行状态监控、系统告警、报表统计等功能，支持大容量会议，能够自动通过级联方式将会议分布到多个 MCU 上，支持将 MCU 资源虚拟化部署和统一资源调度，具备会议端口智能调度功能。

5.3.3 软硬件配置要求

1）国家预报中心会商系统

最低基本配置要求：需具备一套多点控制单元，能够与区域预报中心、省级站的组网与级联管理；一套视频会议终端控制器，用于音视频采集和编解码；两套高清视频液晶显示屏，分别用于显示预报工作现场和会商演示文件；一套摄像仪和扩音设备，用于实时向会商成员传输预报工作现场音视频。

最低接入容量要求：在初步实现全国省级站会商联网配置的基础上，预留适当扩展冗余，可开展中东部或其他较大区域群组的省级站和省会城市、计划单列市和相关城市站的可选择性群组会商。

后续扩容建设：多点控制单元具备板卡扩容性，根据视频会议对端点位数量的增加，可相应扩展板卡以增加点位接入数量。同时，可配备视频系统管理平台，完善视频会议的监管以及方便会议的组织、呼叫与实时操控。

2）区域预报中心会商系统

最低基本配置要求：需具备一套多点控制单元，能够与国家预报中心、省级预报中心的组网与级联管理；一套视频会议终端控制器，用于音视频采集和编解码；两套高清视频液晶显示屏，分别用于显示预报工作现场和会商演示文件；一套摄像仪和扩音设备，用于实时向会商成员传输预报工作现场音视频。

最低接入容量要求：区域预报中心应在初步实现区域范围内的省级站、省会城市站、计划单列市站会商联网配置的基础上，预留适当扩展冗余，可开展相关城市站、其他上游区域站的可选择性群组会商。

实际配置可根据区域中心实际需要，按照统一的技术规范自行配置，后续扩容需求可参考总站相关内容。

3）省级站预报业务部门会商系统

最低基本配置要求：需具备一套多点控制单元，能够与中国环境监测总站、区域预报中心的组网与级联管理；一套视频会议终端控制器，用于音视频采集和编解码；两套高清视频液晶显示屏，分别用于显示预报工作现场和会商演示文件；一套摄像仪和扩音设备，用于实时向会商成员传输预报工作现场音视频。

最低接入容量要求：省级站应在初步实现辖区范围内的省会城市站、计划单列市站、其他城市站会商联网配置的基础上，预留适当扩展冗余，可开展其他相关部门、上游省市站的可选择性群组会商。

实际配置可根据省级站实际需要，按照统一的技术规范自行配置，后续扩容需求可参考总站相关内容。

4）省会城市、计划单列市及相关地级市预报业务部门会商系统

如有与城市区县成员单位或其他部门独立开展可视化会商需求，可参照省级站最低基本配置要求，按照统一的技术规范自行配置。如无独立开展可视化会商需求，则由上级业务部门（省级站、区域预报中心、中国环境监测总站）组织召开可视化会商会议；需具备

一套视频会议终端控制器，用于音视频采集和编解码；两套高清视频液晶显示屏，分别用于显示预报工作现场和会商演示文件；一套摄像仪和扩音设备，用于实时向会商成员传输预报工作现场音视频。

5.4　可视化会商系统的综合应用

可视化会商网络系统，可一网多用，在统一应用可视化会商技术规范的基础上，可扩展应用于中国环境监测总站与全国省级站、省级站与辖区城市站、区域成员省市站等管理工作、业务领域、科研课题、专项技术交流等视频会议。

随着可视化会商网络系统在其他部门机构的发展，在保证技术统一与兼容性之下，更可满足如环境监测站与气象局等跨功能部门、跨地域进行联合会商的应用要求。

第6章 区域和省市预报可视化会商技术架构

6.1 架构概述

区域和省市预报中心，应按照全国可视化会商架构，遵循统一的传输制式与标准等相关软硬件和作业技术规范，建立会商音视频通讯网络基础，作为全国联网可视化预报业务会商系统的重要组成部分，以实现区域和省市预报中心与中国环境监测总站、各区域预报中心、各省级站和相关城市站预报业务部门之间的音视频互联互通，满足音视频质量流畅清晰、级联管理高效、系统稳定可靠的业务作业运行需求，保障和提高区域空气质量预报准确率。

区域和省市的高清视频会商系统整体上应满足国家总站与省级站之间进行远程视频会议、远程技术交流等需要；整体架构设计时要充分考虑区域、省、市级之间的信息交互需求，利用现有网络信息技术资源，以区域和省站为基础，为市级接入预留充分的接口与空间。整个系统建设包含核心平台（MCU）和视频编解码终端等设备，实现高清视频会商、远程协同办公、远程技术培训等功能。考虑到现在及未来信息传递的需求，采用预留端口的形式，方便其他机关单位和各地市接入区域和省级站。在部署具备几十路高清视频接入的智能会商视频协作平台，包含 MCU、ClearSea、VideoCenter、Manager 等四个功能硬件及模块接入，实现国家总站、省级站和地市级站视频终端、软件/移动终端召开视频会议、视频协同办公、远程培训等功能。（结构图参见"第 5 章 图 5-1 全国预报可视化会商系统拓扑图"）

6.2 架构组成

区域和省市预报可视化会商系统按照组成和功能主要分为网络、会商视频会议系统、音频系统（拾音、扩声和音频处理）、图像采集系统和显示系统等组成部分。在与会商会议室的融合方面还包括切换系统和控制系统。

会商系统需要实现预报中心与各省级中心及其他相关部门的远程多方会商，利用视频多点控制单元（MCU）召开多点视频会议及多点视频协同办公等，支持标准的 H.323、SIP、H.264SVC、RTVideo 等通讯协议，支持多种分屏模式。会商系统要确保省站与地市（州）之间的信息交互及内容的传输，实现国家、区域、省和城市多级链接。上、下级 MCU 之间建立多路通道链接。同时，会商系统还应具有良好的扩展性，未来可通过增加板卡的形式实现系统容量的平滑扩展，为地市（州）的接入提供便利空间。

会商系统应通过预留软件视频接入功能扩展槽的方式，实现软件终端、移动终端接入视频会商的功能，各地市（州）和相关省直部门可通过普通电脑或 iOS、Android 智能手机、平板电脑使用软件客户端接入到视频会议当中；支持标准的 H.323 和 SIP 协议；支持防火墙穿越功能，轻松实现内外网互联互通。

会商系统应通过录播及直播扩展功能，实现一键式高清串流、视频录制和自动发布解决方案，支持双流录制，通过普通 PC、智能平板电脑和智能手机可以观看直播和点播，并可灵活地切换主流和辅流的总局方式。

会商系统终端设备及平台应支持的动态双视频流功能，满足在进行第一路主图像传输的时候同时传输第二路的图文并实现高质量及高分辨率的双路图像传输，便于各地市（州）观看到远端发言人或主讲人的画面及培训课件，可以更准确、更清晰地与省站进行讨论。

通过建设区域和省市专门会商视频会议室，可以实现高度集成化，智能可控化，并充当一级指挥中心的功能，实现多路视频信号混合接入，协调多方同时接入；按照整体规范要求，规范化建设市、县级远程会商室，确保与上级单位沟通时能够具备良好的效果；会商系统的功能需要涵盖日程的多方工作会商、应急情况下的多组同时会商，现场移动接入，实现会商过程中的多方内容信息智能化手写交互及数据交互；系统应具备高稳定性、可用性、可扩展性、高兼容性。

6.3　主要技术参数

6.3.1　网络系统

视频会商系统的网络应采用国家环保专网、地方政务网或者互联网，单会场带宽基本要求 10Mb/s 以上，建议 100Mb/s 以上。

考虑视频会议系统的图像和声音传输对网络带宽持续保证有较高的要求，因此 IP 网络应支持 QoS 保证。

6.3.2　视频会议系统

视频会议系统包括视频协作管理平台、视频资源管理平台、虚拟化管理平台、统一调度会议管理平台、视频终端；在各会场还可根据实际应用需求配置录播服务器、电视墙服务器等。

6.3.2.1　视频资源管理平台建设要求

1）采用 B/S 架构，支持对全网核心设备管理；

2）支持导出状态日志、会议日志、操作日志，便于系统状态的掌握和出现异常时及时找出问题原因；

3）支持设备 SNMP 标准网络管理协议，便于进行统一配置管理，状态监控，地图拓扑和站点管理；

4）可以提供统一通讯录，支持在线状态显示，支持通过 LDAP 进行通讯录集成；

5）支持通过拓扑图查看整个视频网络状况及地理分布状况；

6）支持高可靠性部署，支持双机热备。

6.3.2.2　虚拟化管理平台建设要求

1）支持 B/S 架构，全中文管理界面，支持双机热备，支持集群部署，实现异地冗灾；

2）支持 H.323 网闸和 SIP 同时注册功能；

3）支持用户认证、地址解析、带宽管理、路由管理、安全性管理、区域管理等功能，方便对整个视频通信系统中所有设备的统一管理；

4）支持 H.323 和 SIP 互通的网关功能；

5）支持对多台 MCU 进行虚拟化管理，支持多台 MCU 资源池的智能资源调度；

6）支持自动分配虚拟会议室号码，与会者只需拨入相应的虚拟会议室即可参会，虚拟会议室所占用的 MCU 资源由系统自动分配。

6.3.2.3　视频协作管理平台建设要求

1）视频协作管理平台的容量要求大于所有主会场和下一级分会场点数加上级视频协作管理平台级联点的会场点数的总和，并且要求冗余 4 个扩展会场接入点数；

2）可实现与上级视频协作管理平台无缝数字级联互通、互联、互控，实现音频、视频、内容交互；

3）各级视频协作管理平台须要求可实现所属会场终端的统一调度、管理；

4）支持混速、混视频格式、H.264 AVC 和 H.264 SVC 混协议会议；

5）支持第一路视频流至少 1 080P30 帧以上，第二路内容流 1 080P30 帧以上；

6）支持视频协作管理平台端口资源容量自动变化；

7）支持兼容已有的标清多点控制单元和终端接入。

6.3.2.4　统一调度会议管理平台建设要求

1）支持 B/S 架构，便于从视频会议系统的角度统一管理和控制系统内的所有终端和 MCU 进行组会。

2）支持移动端应用，用户可使用 iOS 和安卓客户端手机软件、平板电脑软件对会议进行管理。

3）支持同时对普通会议、视频会议、例会等进行管理。

4）支持各类会议室、会议设备、参会人的统一管理。

5）支持与相关数据业务系统的对接，至少包括组织架构数据同步、人员数据同步、单点登录，扩展支持加密认证对接、工作流接口同步。

6）支持会议室管理，区别于终端设备的管理，需要管理会议室的多媒体、投影机等多媒体设备信息。

当需要变更线会场的时候，如在会场断线需要重新连接，或者会议室被领导临时征用，只需使用手机 APP 对会场终端的二维码扫描，即可快速、便捷地加入会议，避免繁琐的线下沟通，同时又提高工作效率。对应会场终端的二维码。

7）支持消息推送功能，便于会议召开前通过云服务自动推送会议消息提醒。

8）支持会议签到，在会议开始前，与会者可以使用会议签到功能扫描会议二维码进行自动签到。

9）支持会议回执，与会人收到会议信息提醒后能选择是否接受，回执信息能汇总至会议召集人界面。

10）当用户经过安全的身份鉴别后才能通过终端设备接入会议和使用会议管理系统；通过一定的措施保证会议过程的声音、图像、文件等会议信息的安全性，防止未经授权的人员接入会议及获取会议信息。

6.3.2.5　视频终端建设要求

1）采用 ITU 国际电信联盟标准协议；

2）支持与所属区域视频协作管理平台无缝数字连接，实现音频、视频、内容交互；

3）支持显示 1 080P60 帧以上远端会场和 1 080P30 帧以上双流内容画面；

4）支持音视频输入输出接口（见表 6-1）。

表 6-1　音视频输入输出接口

项目	省级会场	市、县级会场
摄像机输入接口	2 路以上	2 路以上
视频输出接口	4 路以上	4 路以上
音频输入接口	2 路以上	2 路以上
音频输出接口	2 路以上	2 路以上
电脑内容输入接口	2 路以上	2 路以上

6.3.2.6　录播服务器建设要求

1）支持 1 080P 视频、Siren22 音频和计算机屏幕信号进行一体化的同步录制、直播和点播；

2）支持采用 H.323、SIP 标准协议视频录制以及 H.239、BFCP 内容协议录制功能；

3）支持基于 Web 浏览器进行访问视频资源，包括 IE，Safari，Firefox，Chrome；

4）具备桌面 PC 或 MAC、iOS、Android 等系统的平板电脑的浏览器 1 080P 高清视频效果点播；

5）至少具备 500 个并发用户，单机可扩容至 1 000 个并发用户；

6）支持 P2P 录制，多点录制，点对点录制；

7）支持流媒体视频格式，PC 点播直接使用 Windows Media player 和专用播放器进行播放而无须安装任何插件，PC 点播可准确地快进快退定位；

8）提供多个流媒体直播频道，所有网内 PC 用户都可以看到组播的视频和计算机屏幕内容。可以把会议内容直播给所有的视频会议终端。

6.3.3　图像采集系统

视频会议系统的图像主要来自摄像机拍摄的会场画面及 PC、播放器等提供的信号源。

6.3.3.1　摄像机及信号源功能要求

1）各级会场可根据情况配置摄像机，实现对发言者图像和会场全景进行图像采集；

2）摄像机清晰度至少达到 1 080P60 帧以上；

3）摄像机预置位要大于 10 个；

4）摄像机应根据会场的大小和安装位置配置变焦镜头，通常要求大于 10 倍光学变焦；

5）摄像机宜配置云台及摄像机控制设备。云台支承装置应牢固、平稳；

6）各级会场可根据需求配置、放像机、播放器、图文摄像机等视频信号源设备，其性能指标应符合系统整体技术指标要求；

7）当会场需要显示计算机图像信号时，应设置计算机图像信号输入接口，接口数量、位置应根据系统功能确定。

6.3.3.2 摄像机及信号源选型要求

1）省、市、区县级会场参照"2.5.1 的摄像机及信号源功能要求"配置；

2）各级会场必须具备计算机图像信号接入接口。

6.3.4 显示系统

显示系统主要负责远端会场及数据信息的图像输出。

6.3.4.1 显示系统功能要求

$50 \ m^2$ 以上会场应设置至少 2 台高清屏幕显示器（1 080P 以上），并应分别用于显示本端会场和远端会场的图像或数据信息。$50 \ m^2$ 以下会场设置至少 1 台高清屏幕显示器，可显示远端会场图像，并可通过双监视器仿真功能实现本端会场和远端会场的图像或数据信息的显示。

1）屏幕显示器的设置应根据会场的形状、大小、高度等具体条件，使参会者处在屏幕显示器视角范围之内。屏幕显示器大小应按下式计算：

$$h=d/k$$

式中：h——屏幕显示器高度（m）；

$\quad\quad d$——最佳视距（m）；

$\quad\quad k$——系数，宜取 6。

2）屏幕显示器与参会者之间应无遮挡，应使参会者能清晰地观看到屏幕内容。

3）当采用前投影时，投影机应低噪声。

4）会场采用有缝的视频拼接显示墙时，要求拼缝小于 2 mm。

5）为主席台人员设置的显示器，应采用 PDP、LCD，并宜落地安装，高度不应遮挡参会者的视线。

6.3.4.2 显示系统选型要求

1）市局级会场

建议采用 2 行 3 列以上的 50 英寸以上 DLP 拼接屏显示，或者 1 块 70 英寸以上专业视频显示器和 4 块 40 英寸以上专业视频显示器组成显示墙。

2）区县级会场

建议采用 2 行 2 列以上的 50 英寸以上 DLP 拼接屏显示，或者 60 英寸以上专业视频显示器。

6.3.4.3 切换控制系统配置要求

1）会场摄像机为 2 台及以上时，宜配置同步切换设备，并应选择最佳画面同步播出。

2）当一路视频信号需要同时分送至几个接收点时，应配置视频分配器。

3）当几路视频信号需要选送至一个接收点时，应配置视频切换器。

4）当同时输入输出多路视频信号，并对视频信号进行切换选择时，应配置视频矩阵切换器，并应有备用端口。

5）视频切换控制设备的输入输出端口应与编解码器、屏幕显示器等接口相匹配。

6）当系统具有计算机图像信号传输功能时，应根据图像信号的分辨率配置性能相符的分配器、切换器或矩阵切换器。

7）传输电缆的距离应根据信号的传输方式和信号的分辨率确定，并应符合现行国家标准《视频显示系统工程技术规范》（GB 50464）的有关规定。

8）当需要叠加会标、通知等图文要求时，应配置字幕机。

9）视频系统中的主要设备应采用同一时钟、同步切换。

6.3.4.4 监视、录像编辑设备配置要求

1）在摄像机、信号源、切换设备输出等端口处，按需配置监视器，其性能指标应符合系统整体指标要求。

2）当监视多路图像信号时，宜采用大屏幕多画面显示设备。

3）系统宜配置录像机、刻录机等录像编辑设备，其性能指标应符合系统整体指标要求，并应符合不间断录像的要求。

6.3.5 灯光系统

灯光系统应由光源、灯具、调光、控制系统等组成。

6.3.5.1 光源、灯具功能要求

会场灯光照明平均照度应符合表 6-2 的规定。

表 6-2 会场灯光照明平均照度

照明区域	垂直照度/lx	垂直参考平面	水平照度/lx	水平参考平面
主席台座席区	≥400	1.40 m 垂直面	≥600	0.75 m 水平面
听众摄像区	≥300	1.40 m 垂直面	≥500	0.75 m 水平面

1）光源的显色指数 R，应大于或等于 85。

2）光源的色温应为 3 200K、4 000K 或 5 600K，并应使所有光源的色温一致。

3）光源应采用发光效能高、寿命长的产品。

4）灯具应配置效率高的产品，亮度宜具有连续可调功能。

5）在主席台座席区和会场第一排座席区宜设置面光灯。

6）灯具的外壳应可靠接地。

7）灯具及其附件应采取防坠落措施。

8）当灯具需要使用悬吊装置时，其悬吊装置的安全系数不应小于 9。

9）灯具的电气、机械、防火性能应符合现行国家标准《灯具一般安全要求与试验》（GB 7000.1)、《舞台灯光、电视、电影及摄影场所（室内外）用灯具安全要求》（GB 7000.15）的有关规定。

6.3.5.2　调光、控制系统功能要求

1）系统应能实现分区控制，并宜将部分分区设置具有调光功能。

2）灯具应根据光源的不同配置相应的调光设备。

3）当调控设备较多时，宜设置单独灯光控制室或机房。

4）采用可控硅调光设备的电源时，应与会场音频、视频系统中的设备电源分开设置，并应采取必要的防止干扰视、音频设备的措施。

5）调光设备的金属外壳应可靠接地。

6）灯光电缆必须采用阻燃型铜芯电缆。

6.3.5.3　灯光系统选型要求

省、市、区县级会场可以参照 6.3.5 "光源、灯具功能要求""调光、控制系统功能要求"配置。

6.3.6　不间断电源系统

不间断电源系统即 UPS，当正常交流供电中断时，将蓄电池输出的直流变换成交流持续供电的电源设备。在会议期间，电力等系统突发状况较多，极易造成供电中断，为了保证视频会议系统的正常运行，不间断电源系统尤为重要。

6.3.6.1　不间断电源系统功能要求

1）输出交流电应满足以下条件：220V±5%，50Hz±5%，零线和地线的电压差≤1V；

2）设备接地电阻要求小于 3Ω；

3）功率为负载功率除以 0.6；

4）内部要求有防雷器件；

5）供电时间大于 8 个小时；

6）当市电中断时（异常时），在 4 毫秒内或"零"中断时间内通过蓄电池的电源通供应电力，使负载维持正常的工作，视频会议系统正常运行。

6.3.6.2　不间断电源系统选型要求

1）满足"6.3.6 不间断电源系统功能要求"；

2）为保证视频会议系统正常运行的最低负载提供不间断供电，使供电时间最大化。

6.3.7　会场布置

6.3.7.1　会议室大小

会议室的大小通常可分为大、中、小型三种。

大型会议室：会议室的面积在 100 m^2 以上

中型会议室：会议室的面积在 80 m^2 左右

小型会议室：会议室的面积在 50 m^2 左右

视频会议室面积应根据各地会议室的具体情况决定，建议各市级会场设大型会议室，区县级会场设大型或中型会议室，其他分会场设中型或小型会议室。建议按平均每人 2.2 m^2 计算会议室面积。

6.3.7.2　会议室环境

会议室应设置在远离外界嘈杂、喧哗的位置。从安全角度考虑，应有宽敞的入口与出口及紧急疏散通道，并应有配套的防火、防烟报警装置及消防器材。会议室的设置应符合防止泄密，便于使用和尽量减少外来噪声干扰的要求。

会议室室内应安装空调，以创造稳定的温度、湿度环境，空调的噪声应该比较低，如室内空调噪声过大，就会大大影响该会场的音频效果。会议室环境要求参数如下：

室内风速：0.1 m/s

室内温度：18～22℃

室内相对湿度：60%～80%

室内环境噪声：48 dB（A）

6.3.7.3 会场颜色及背景墙要求

为避免产生"反光"及"夺光"等对会场的不良效应，不建议使用"亮白色""黑色"之类的色调；

墙壁四周、桌椅采用浅色、暖色调较适宜；

摄像背景（被摄人物背后的墙）不适宜挂有山水等景物，否则将增加摄像对象的信息量，不利于图像质量的提高；

在室内摆放花卉盆景等清雅物品，增加会议室整体高雅、融洽的气氛。

视频会议室须设置背景板或背景墙，背景颜色采用浅色。标识内容为"××××××××××"，采用统一规范的颜色及字体，字的直径与摄像机到背板的距离长度比为 1∶20（如会议室纵深为 20 m，背景字直径应为 1 m），LOGO 应略大于背景字。

会议室最前排桌子上应摆放会议室标牌，采用白底蓝字，内容为"区域简称"，要求字迹清晰可辨，不反光。

6.3.7.4 摄像机的布置要求

摄像机的安装高度宜按图 6-1 所示及式（1）、式（2）确定。

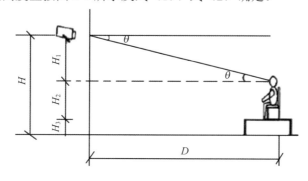

图 6-1 摄像机安装高度示意图

$$H = H_1 + H_2 + H_3 \tag{1}$$

$$H_1 = D\tan\theta \tag{2}$$

式中：H——摄像机的安装高度（m）；

D——摄像机与被摄对象之间的水平距离（m）；

H_1——摄像机与被摄对象坐姿水平视线之间的垂直距离（m）；

H_2——被摄对象坐姿平均身高（m），宜取 1.40 m；

H_3——主席台高度（m），取 0.20～0.40 m；当无主席台时，取 0；

θ——摄像机的垂直摄像角（°）。

摄取发言者图像的主摄像机垂直摄像角宜小于或等于 10°，水平左摄角或水平右摄角宜小于或等于 45°。

摄取会场全景或局部场景的辅助摄像机宜根据会场的规模和布置设置。

摄像机的图像画面内不应有灯具、前投影等遮挡画面的物体，并应避免强光直射干扰。

摄像机可采用固定安装或流动安装方式。

当摄像机在墙面固定安装时，摄像机的安装高度宜小于或等于 2.50 m；当摄像机吊挂安装时，摄像机底部高度宜大于或等于 2.20 m。

6.3.7.5　PDP、LCD 显示器的布置要求

会场主显示器的墙装高度宜按图 6-2 及式（3）、式（4）计算确定。

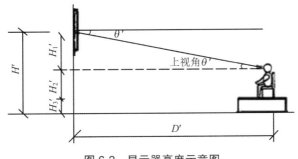

图 6-2　显示器高度示意图

$$H' = H_1' + H_2' + H_3' \tag{3}$$

$$H'_1 = D'\tan\theta' \tag{4}$$

式中：H'——显示器的安装高度（m）；

　　　　D'——参会者与显示器之间的水平距离（m）；

　　　　H_1'——参会者坐姿水平视线与显示器中心水平线之间的垂直距离（m）；

　　　　H_2'——参会者坐姿平均身高（m），宜取 1.40 m；

　　　　H_3'——主席台高度（m），取 0.20～0.40 m；当无主席台时，取 0；

　　　　θ'——参会者与显示器中心法线的垂直视角。

参会者与会场主显示器屏幕垂直观看角宜小于或等于 20°，与会场主显示器屏幕水平观看角应小于主屏幕显示器的水平视角参数。

主显示器的底边离地面高度宜大于或等于参会者坐姿平均身高和主席台高度之和。

会场辅助显示器宜根据会场的规模和布置设置；当显示器吊挂安装时，显示器底部距地面宜大于或等于 2.20 m。落地显示器宜配置垂直观看角可调节的活动支架，并应使其法线方向对准观看者。

显示器屏幕前应避免直射光、眩光的影响。

6.3.7.6 投影机的布置要求

投影机与屏幕的投射距离应根据屏幕尺寸、投影机和镜头参数确定。

当投影机吊挂安装时，机架底部距地面宜大于或等于 2.20 m。

6.3.7.7 扬声器的布置要求

扬声器系统应按声场设计的位置、高度、角度布置。

扬声器系统的布置和传声器位置应避免产生反馈啸叫，并应使传声器指向性的正向主轴置于扬声器主轴辐射角之外。

固定墙面安装的扬声器与墙面、侧墙的距离宜大于 200 mm。当吊挂安装时，扬声器底部距地面宜大于或等于 2.20 m。

6.3.7.8 灯光的布置要求

1）主席台面光灯的布置应投射座席处，投射夹角与主席台座席处的 1.40 m 水平面的角度宜为 45°～50°。

2）主席台背景墙的垂直照度宜为主席台垂直照度的 40%～60%；会场墙面的垂直照度应小于会场垂直照度的 50%。

3）前投影屏幕中心区的垂直照度应小于主席台垂直照度的 20%。

6.3.7.9 桌椅的布置要求

会场的布置形式有圆桌式、排桌式等，采用圆桌式布置时，按圆桌四周第一排每人不小于 1 500 mm×900 mm 的使用空间布放、第二排不小于 1 500 mm×700 mm 的使用空间布放；采用排桌式布置时，按主席台每人不小于 1 500 mm×900 mm、参会席每人不小于 1 500 mm×700 mm 的使用空间布放。

在主席台、发言席、参会第一排座席附近应根据功能需要分别设置接线盒和电源插座。

6.3.7.10 控制室的布置要求

控制室设备应安装在控制台、设备机柜内，控制台、设备机柜应符合现行国家标准《电子设备机械结构》（GB/T 19520）的有关规定。

系统的操作宜通过控制台实现，其布放位置应符合系统的操作流程和使用功能要求。

控制台布局、尺寸和台面及座椅的高度，应符合现行国家标准《电子设备控制台的布局、型式和基本尺寸》（GB/T 7269）的有关规定。

控制台正面与墙面的净距离不应小于 1 500 mm，背面与墙面的净距离不宜小于

800 mm，机柜背面与墙面的净距离不宜小于 800 mm。控制室内主要走道宽度不应小于 1 500 mm，次要走道宽度不应小于 800 mm。

监视器屏幕应背向自然光布置。

设备安装应进行抗震加固，并应符合现行行业标准《电信设备安装抗震设计规范》（YD 5059）的有关规定。

6.3.8　会议室信息发布系统

能够自动同步会议预定管理系统的会议室预定信息；

能够发布相关信息资料；

能够支持发布信息的自定义和编排；

可远程监控、查看每个网点终端设备的运行状态、播放内容、网络状态。

支持发布信息的循环播、周期播、插播等多种播放模式；可分时间播放节目，直观显示播放任务时间表，设置播放时效、类型等。用户可根据自己的选择，自由分区组合设计自己的显示风格，同一个发布点在不同的时间段，可以有多种显示风格的变化。可以自由设定区域位置、大小，支持同一网点显示设备同时播放不同内容。

6.3.9　电缆敷设

会场内传输电缆宜采用金属管道暗敷的方式布放；在控制室、机房内应采用金属线槽或设置桥架的方式布放。

传输电缆与具有强电磁场的电气设备之间应保持必要的间距。当采用金属线槽或管道敷设时，线槽或管道应保持连续的电气连接，并在两端应有良好的接地。

传输电缆与电力电缆的最小净距应符合表 6-3 的要求。

表 6-3　传输电缆与电力电缆的最小净距

类别	与传输电缆接近情况	最小净距/mm
380V 电力电缆＜2 kV·A	与缆线平行敷设	130
	有一方接地的金属线槽或钢管中	70
	双方都在接地的金属线槽或钢管中	10
380V 电力电缆 2～5 kV·A	与缆线平行敷设	300
	有一方接地的金属线槽或钢管中	150
	双方都在接地的金属线槽或钢管中	80
380V 电力电缆＞5 kV·A	与缆线平行敷设	600
	有一方接地的金属线槽或钢管中	300
	双方都在接地的金属线槽或钢管中	150

注：1. 平行长度不大于 10 m 时，380V 电力电缆与缆线平行敷设的最小净距可为 10 mm。
　　2. 双方都在接地的线槽中，指两个不同的线槽，也可在同一线槽中用金属板隔开。线槽应加盖板。

传输电缆管线与其他管线的最小净距应符合表 6-4 的规定。

表 6-4　传输电缆管线与其他管线的最小净距

其他管线	最小平行净距/mm	最小变叉净距/mm
	传输电缆管线	传输电缆管线
避雷引下线	1 000	300
保护地线	50	20
给水管	150	20
压缩空气管	150	20
热力管（不包封）	500	500
热力管（包封）	300	300
煤气管	300	20

管线路由应短捷、安全可靠，施工维护方便。

管道内穿放电缆的截面利用率应为 25%～30%，线槽布放电缆的截面利用率不应超过 50%。

第7章 数值预报模式源清单信息交换架构与技术要求

通过规范数值预报模式污染源排放清单（以下简称"源清单"）输入的内容和格式，可以进一步推动全国环境空气质量预报一体化建设，促进各级环境监测机构预报部门之间源清单的相互共享。

7.1 数值预报模式源清单

空气质量数值预报模式以大气动力学理论为基础，在给定的气象条件、源清单以及初始边界条件下，通过一套复杂的偏微分方程组描述大气污染物在实际大气中的各种物理化学过程，预报污染物浓度动态分布和变化趋势。本文源清单特指空气质量数值预报模式的输入源清单。

7.2 污染源分类及编码

污染源分类主要针对人为源，分为民用源、工业源、电厂源、农业源、移动源和其他源，以及天然源组成共七个一级分类，一级分类采用 1 位整数进行编码，未来可根据需要进行拓展和修改，最多不超过 10 类。

1）民用源：民用燃烧、餐饮、生活垃圾处理等；

2）工业源：采矿业、制造业、建筑行业和其他制造行业等；

3）电厂源：火电行业排放；

4）农业源：农田排放；

5）移动源：机动车排放、非道路机械排放、道路扬尘和船舶排放等；

6）其他源：秸秆燃烧、人体排放、废弃物处理等；

7）天然源：植被排放、土壤扬尘、海盐等。

每个一级分类可包含若干个二级分类，二级分类采用 2 位整数进行编码，未来可根据需要进行拓展，最多不超过 100 类。具体分类扩展可参考大气污染物源排放清单编制指南。

7.3 污染物种类及编码

源清单中污染物种类包含 SO_2、NO_x、CO、$PM_{2.5}$、PM_{10}、VOCs 和 NH_3 七个一级分类，采用 2 位整数进行编码，未来可根据需要进行拓展，最多不超过 100 类。其中 VOCs 表示可挥发性有机物，包含许多种有机物化学成分，采用二级分类表示，二级分类采用 3 位整数进行编码，其中第 1 位整数表示所对应的模式气相化学机制，至少包含 CBM-Z、CB05、SAPRC99 等目前主流空气质量模式要求的气象化学机制，未来可根据需要进行拓展，最多不超过 10 类；第 2～3 位整数表示所对应的模式气相化学机制中的化学成分，未来可根据需要进行拓展，最多不超过 100 类。对于其他混合污染物，如 $PM_{2.5}$、NO_x 等，同样需要提供对应的模式化学机制的化学成分。

7.4 地区编码体系和清单范围

源清单地区编码体系，可参照已有的全国行政区划编码体系。省级清单通常需要包含本省辖区内所有地级市及周边相邻省份，城市清单通常需要包含本市辖区内所有区（县）及周边相邻城市，本辖区清单为高分辨率清单，周边省市清单可为较低分辨率清单。个别辖区面积较大的省市需要根据实际情况考虑。

7.5 空间分辨率

源清单文件一般为网格化文件，水平分布采用经纬度网格，全国清单分辨率为 $0.5°×0.5°$，区域清单分辨率为 $0.25°×0.25°$，省级清单分辨率为 $0.1°×0.1°$，城市清单分辨率为 $30″×30″$。点源清单需要提供空间三维网格化文件，全国和区域清单垂直层间距不低于 50 m，省级和城市清单垂直层间距不低于 20 m。清单中点源高度特指距离地面高度，而非海拔高度。

网格化的源清单可通过各地区、各排放源的空间网格分配权重因子及分配方案计算得到。污染源排放的空间网格分配权重因子可以用表征排放源空间特征的地理空间数据代替。例如，用人口分布数据表征人体氨排放源的排放空间特征，用耕地分布表征农业氮肥使用排放源的排放空间特征。

7.6 时间分辨率

源清单文件一般包含逐时的污染物排放量。逐时的污染物排放量可由年度排放量和各类污染源的时间变化系数［包括月变化系数（月分配因子）、周/日变化系数（周/日分配因子）和小时变化系数（24 小时分配因子）］计算得到。建立污染源的排放时间变化系数包括两个过程：①污染源排放时间特征的识别；②数据收集和时间变化系数的建立。其中，污染源排放时间特征识别是一个定性分析的过程，即分析并找出影响大气污染源排放强度并能够反映出其排放时间变化特征的参数，例如，与电厂排放时间变化特征相关的燃煤消耗量或者发电量、与畜禽氨氮排放的时间变化特征相关的畜禽废物处理排放量等。而时间变化系数的建立则是一个数学计算过程，即通过污染源排放时间特征识别中选用的数据以及相应的计算方法，生成一系列的时间变化系数。

7.7 化学物种分配

源清单文件一般包含对应数值模型化学机制的化学物种排放量。空气质量模型使用一系列的方程来描述大气化学过程，这些方程使用了这些具有代表性的"模型物种"，将具有相似化学结构的污染组分归类，以简化运算过程和时间。化学物种排放量可由 VOCs 排放量按照特定的化学物种谱转化得到，而化学物种谱由大气排放源化学成分谱（源成分谱）转换而来。源成分谱是以大气污染源排放的某种污染物为研究对象，研究污染源排放物质的化学成分特性，其中 VOCs 和 $PM_{2.5}$ 的化学组成是大气排放源化学成分谱研究的主要对象。美国环保局将源成分谱的研究整理归纳成 SPECIATE 数据库，方便数据查询与使用。此外，目前，我国在珠三角、北京、天津、上海等地区已建立了轻型汽油车、重型柴油车、摩托车等车型的 VOCs 源化学成分谱。

第8章 全国预报联网信息发布框架设计

全国环境空气质量预报联网信息发布系统,是通过对区域、省和城市空气质量预报信息的接收、管理和发布,有效支撑全国重点区域、省级单位、重点城市空气质量预报信息发布业务。实现面向公众的空气质量预报预警信息发布与展示,向环境管理部门提供区域大气污染联防联控和预警应急等决策技术支持。

8.1 展示形式

空气质量预报发布的主要发布表现形式可分为报表(表格)模式、弹出框模式、GIS地图发布、浓度空间分布渲染图与卡通形象动画展示模式等几种。从表现效果来看,报表模式表现简单,但不够直观,不便于阅读理解;弹出框模式有一定的交互性,访问者可点击不同城市触发弹出框获取详细信息;GIS地图发布模式可将发布信息与地理信息相结合,便于让人理解不同区域空气质量预报状况,GIS地图发布模式通常会与弹出框模式相结合,实现比较丰富的信息表达和便捷直接的操作交互;浓度空间分布渲染图模式最复杂,也最为直观、易懂,同时对预报网络点位的覆盖面和代表性要求较高;卡通动画形象的表现形式友好直观、生动活泼,可用于表现空气质量等级,通常作为辅助表现手段,与上述其他形式结合使用,展示特点见表8-1。

表8-1 几种展示形式的特点比较

发布形式	特点
报表/表格	• 便于展示数据 • 缺乏直观形象,形式单调
弹出框模式	• 操作交互性好,可点选查看 • 不够直观
GIS地图发布	• 较为形象 • 可与地理信息结合
浓度空间分布渲染	• 直观、易懂 • 点位的覆盖面和代表性要求较高
卡通动画形象	• 友好直观、生动活泼

8.2 发布终端

空气质量预报联网信息发布端是联网发布的表现终端，是实现预报信息传达到广大公众的最终通道。随着社会信息化不断发展，信息的发布、传递途径多种多样，包括 PC 端的网页端发布、客户端发布，移动端的手机 APP 发布、微信发布、微博发布等。

8.2.1 固定端发布

固定端（个人电脑）仍是最传统的、使用面最广的信息工具，固定端信息发布是最主要的联网预报信息发布渠道。固定端具有大屏幕，便于展示丰富多样的信息，同时灵活的鼠标和键盘可保证交互的便捷性。

固定端的发布平台可分为 B/S 架构的发布网站型和 C/S 架构的客户端型。目前网站型的发布方式最为常用，访问网站只需要浏览器支持即可，具有较好的跨平台性，且对访问者的计算机硬件要求不高，可很好地满足普通访问者对预报信息查询、浏览的需求。客户端型需要访问者在其计算机上安装相应的客户端软件，能实现较复杂的功能，但通用性和维护性不高，在信息发布上使用不多。

8.2.2 移动端发布

随着移动互联网时代的到来，移动端产品越来越受到重视。具有超大屏幕的 PC 端有灵活的鼠标和键盘交互形式，用户能通过鼠标指点的形式快速地完成各种任务，但无法做到"移动轻便式"地查看和使用产品。移动端的屏幕能呈现的信息虽有限，交互形式也是精度相对较差的手势形式，但其用户群数量大，随身携带性强，互动性也更快捷。

移动端的发布形式有多种，常见的有手机 APP、微信、微博等。手机 APP 的形式需要访问者在其手机上安装相应 APP 软件，可实现丰富的信息展示、多样化的功能，用户体验性好。微信、微博发布无需安装 APP 软件，适用性较强，但发布功能有限，一般只能实现文字和图片的推送发布。

8.3 关键技术和功能设计

8.3.1 关键技术

8.3.1.1 环境空气质量预报信息上传-接收技术

预报信息上传和接收技术是预报信息联网发布系统的基础，为实现各级预报单位准确、高效上报预报信息，需搭建适用于各级预报单位的预报信息上传-接收信息通道。信息通道应具备两种使用形式，即网页填报和接口上报。网页填报作为主要的上报方式，通过向各级预报单位分配填报账号，作为预报信息填报的识别依据，同时在填报页面提供信息预校验、发布信息预览功能。接口上报作为补充的上报方式，可满足预报单位开发自动化上报功能。

8.3.1.2 多种展示形式综合运用

预报联网发布平台需要同时发布展示多区域、多省份、多城市的预报信息，时间上需发布展示 24 小时、48 小时或 72 小时甚至更大时间范围的预报信息。在预报信息的发布展示形式上有较高的要求，在保证信息展示准确、全面的前提下，还需兼顾特定区域、城市预报信息的筛选方便，表达清晰。总体展示上，通过 GIS 地图、城市点位位置标识表现全国预报城市的空气质量总体预报状况；局部展示上，通过表格、形势图、卡通动画形象相结合的方式，实现生动、形象的展示。

8.3.2 功能设计

全国环境空气质量预报联网信息发布系统以收集各城市的预报数据、数据审核、发布展示为核心，把全国各地的预报预警数据信息展示给公众。系统功能主要包括：预报数据上报管理、预报数据接收管理、发布数据审核、数据综合分析、系统支撑管理、发布信息展示平台、管理维护模块组成。系统功能框架如图 8-1 所示。

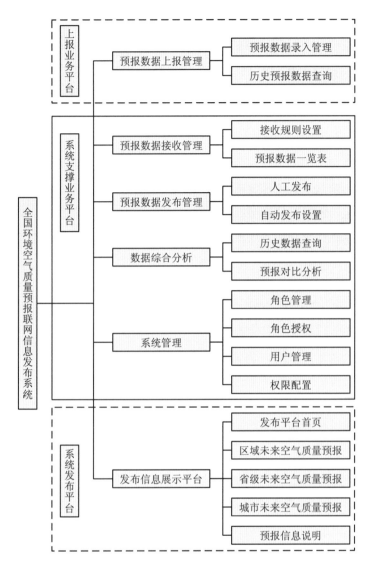

图 8-1　预报联网发布系统功能框架示意图

8.3.2.1　数据上报

1）功能描述

提供区域辖区内的预报信息填报，转发区域政府的预警信息（对于有预警信息的填报预警信息，无预警信息可填报健康提示）以及区域详细预报信息和预报形势图、区域风景图的上传。

提供省辖区内的预报信息填报，转发省政府的预警信息（对于有预警信息的填报预警信息，无预警信息可填报健康提示）以及省内详细预报信息和预报形势图、省风景图的上传。

提供城市预报信息上报入口，在系统设定的时间内把空气质量预报的未来 24 小时、48 小时空气污染等级、AQI、空气质量预警等信息（对于有预警信息的填报预警信息，无预警信息可填报健康提示）上报国家城市空气质量预报信息发布与展示系统。

2）性能描述

（1）处理延时

功能的处理延时主要指忽略网络堵塞等网络环境故障因素外，在网络传输前后所做的数据加密、封包、解包和入库操作所耗的时间。

数据上报功能，保证对每次数据采集数据加密、封包、解包、入库操作的总平均耗时不大于 1 秒，即因软件系统相关处理环节造成的数据传输延时不超过 1 秒。

（2）响应时间

数据上报等功能，满足在 200 并发用户的情况下，业务操作响应时间小于 3 秒，实时查询时间小于 10 秒，单个统计指标计算时间小于 30 秒。

（3）持续运行

系统可靠性和稳定性方面，要求满足 7×24 小时以上连续运行条件下，其可靠性达到 99.99%。

3）流程逻辑

数据上报模块，流程逻辑如图 8-2 所示。

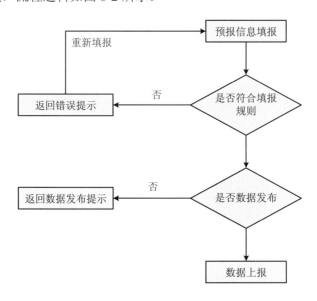

图 8-2　数据上报流程逻辑

8.3.2.2 预报数据查询

1）功能描述

系统提供对区域、省、城市空气质量预报数据的接收与管理功能，其中能够根据选择区域、省、城市、时间段条件查询空气质量数据详细信息。

2）性能描述

（1）处理延时

功能的处理延时主要指忽略网络堵塞等网络环境故障因素外，在网络传输前后所做的数据加密、封包、解包和入库操作所耗的时间。

数据浏览功能，保证对每次数据采集数据加密、封包、解包、入库操作的总平均耗时不大于 1 秒，即因软件系统相关处理环节造成的数据传输延时不超过 1 秒。

（2）响应时间

数据浏览功能，满足在 200 并发用户的情况下，业务操作响应时间小于 3 秒，实时查询时间小于 10 秒，单个统计指标计算时间小于 30 秒。

（3）持续运行

系统可靠性和稳定性方面，要求满足 7×24 小时以上连续运行条件下，其可靠性达到 99.99%。

3）流程逻辑

预报数据查询模块，流程逻辑如图 8-3 所示。

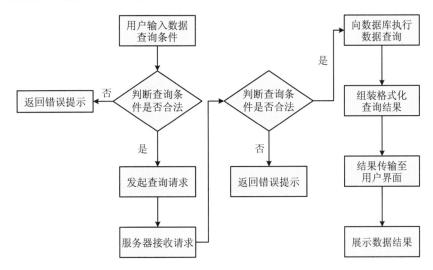

图 8-3 数据查询流程逻辑

8.3.2.3 数据发布管理

1) 功能描述

（1）自动发布设置

系统提供设置每天自动发布时间点，并实现对区域、省和城市上报数据进行自动发布功能。

（2）人工发布

可根据区域、省、城市名称查询预报结果数据，在发布管理界面中实现对预报数据查阅，对于不符合规则的数据进行禁止发布操作，且能够对再次上报的数据进行重新允许发布操作。

2) 性能描述

（1）处理延时

功能的处理延时主要指忽略网络堵塞等网络环境故障因素外，在网络传输前后所做的数据加密、封包、解包和入库操作所耗的时间。

数据浏览及数据上报等功能，保证对每次数据采集数据加密、封包、解包、入库操作的总平均耗时不大于 1 秒，即因软件系统相关处理环节造成的数据传输延时不超过 1 秒。

（2）响应时间

数据审核功能，业务操作响应时间小于 10 秒，实时查询时间小于 10 秒，单个统计指标计算时间小于 30 秒。

（3）持续运行

系统可靠性和稳定性方面，要求满足 7×24 小时以上连续运行条件下，其可靠性达到99.99%。

3) 流程逻辑

预报数据发布模块，流程逻辑如图 8-4 所示。

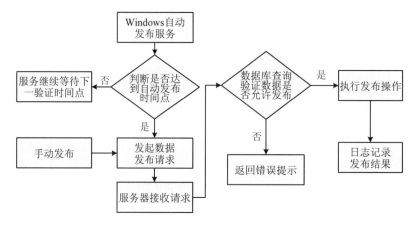

图 8-4 数据发布流程逻辑

8.3.2.4　系统支持管理

1）功能描述

系统权限管理模块具备并能够方便进行各级用户管理、角色管理、角色授权、系统日志操作等功能。

用户管理：具备系统用户查看、新增、修改、删除等功能。

角色管理：实现对系统内角色的查询、新增、删除、编辑操作管理。

用户授权：具有用户授权权限的管理员，可登录到系统相关功能节点，进行用户授权操作，对用户进行权限的分配。

系统日志：提供系统管理人员查询用户操作记录统计，统计信息包括用户名、操作类型、操作时间等信息。

2）性能描述

（1）处理延时

功能的处理延时主要指忽略网络堵塞等网络环境故障因素外，在网络传输前后所做的数据加密、封包、解包和入库操作所耗的时间。

用户管理、权限管理、日志管理、系统配置等功能，保证对每次数据采集数据加密、封包、解包、入库操作的总平均耗时不大于 1 秒，即因软件系统相关处理环节造成的数据传输延时不超过 1 秒。

（2）响应时间

用户管理、权限管理、日志管理、系统配置等功能，满足在 200 并发用户的情况下，业务操作响应时间小于 3 秒，实时查询时间小于 10 秒，单个统计指标计算时间小于 30 秒。

（3）持续运行

系统可靠性和稳定性方面，要求满足 7×24 小时以上连续运行条件下，其可靠性达到99.99%。

3）流程逻辑

系统管理功能模块，流程逻辑如图 8-5 所示。

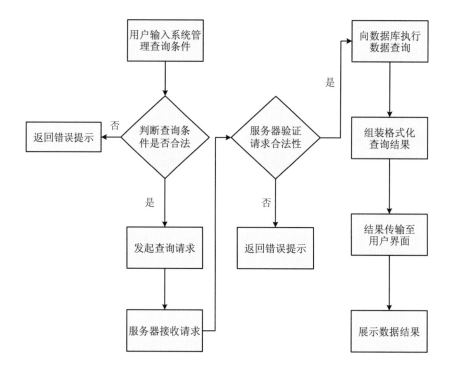

图 8-5 功能管理模块流程逻辑

8.4 网站和 APP 发布系统的设计与开发

8.4.1 发布网站的设计与开发

8.4.1.1 开发实例

以全国直辖市、省会城市和计划单列市城市空气质量预报联网信息发布软件系统为例。2016 年 1 月 1 日，该系统已实现对 36 个重点城市（北京、上海、天津、重庆 4 个直辖市，石家庄、太原、呼和浩特、沈阳、长春、哈尔滨、南京、杭州、合肥、福州、南昌、济南、郑州、武汉、长沙、广州、南宁、海口、成都、贵阳、昆明、拉萨、西安、兰州、西宁、银川、乌鲁木齐 27 个省会城市和大连、青岛、宁波、厦门和深圳 5 个计划单列市）、各省级预报单位以及三个重点区域（京津冀、长三角、珠三角）的空气质量预报信息接收和发布（见图 8-6～图 8-10）。

图 8-6　全国联网发布系统示例图—全国预报

（网址来源：http：//106.37.208.228：8082/）

图 8-7　全国联网发布系统示例图—城市预报列表

图 8-8 全国联网发布系统示例图—全国及区域形势预报

图 8-9 全国联网发布系统示例图—省域空气质量预报

图 8-10　全国联网发布系统示例图—城市空气质量预报

　　直辖市、省会城市和计划单列市环境空气质量预报联网信息发布系统，实现对各级预报部门上报空气质量预报预警结果的数据接收和发布管理，实现面向公众的辖区环境空气质量预报预警的信息接收与发布。总体而言：

　　搭建"城市（省）-国家"环境空气质量预报预警信息上传-接收的信息通道，实现各城市每日空气质量预报结果的上报；

　　建设区域、省级和城市环境空气质量预报预警业务管理系统，完成国家平台接收各城市上报的空气质量预报预警结果数据的审核；

　　建设区域、省级和城市环境空气质量预报信息接收与发布系统，实现面向公众的国家空气质量预报预警信息的发布与展示，为公众出行与重污染预警提供科学依据。

8.4.2　发布 APP 的设计与开发

8.4.2.1　设计思路

　　空气质量预报手机 APP 发布系统建设内容为开发手机 APP 软件程序，作为预报发布及日常数据监控的辅助性软件系统。发布 APP 的设计要求：

　　1）发布 APP 界面简洁、信息直观。相比于 PC 端的网站页面，移动端 APP 的显示页面更小，因此需要简洁的界面与直观的表达来使用户能够迅速接收到所需信息。如在首页设计上，只显示关注城市的预报结果，并以用户关注的城市的地标性建筑景观作为页面背景；使用卡通形象展示城市空气质量预报信息，通过不同的配色、表情设计等传达不同的空气质量等级。

2）发布 APP 需易用性和界面友好性。在系统中，采用"按钮""常用选项"等仅需单击即可完成的操作方式，尽量不使用"单选框"和"复选框"；系统每一个功能界面打开后，应设置默认选择、选项，并在进入该功能时将结果显示出来，而不应留有空白，不应让用户点击按钮方能查看到信息。界面布局合理，包含导航栏、功能选项、按钮、图表等布局，方便用户选择合适的功能；每个页面包含空气质量污染级别说明的按钮，方便用户随时查看等级说明，从而更好地理解数据内涵。

3）发布 APP 能满足多维信息展示。发布 APP 不仅显示预报结果，也支持显示实况空气质量信息供用户查看；不仅显示关注城市的数据，也能够通过地图查看全国其他城市的相关数据，以及查看城市的实况和预报结果排名。通过时空上的多维数据扩展展示，能够提供给用户对比性的数据结果，从而满足用户更多的需求。

8.4.2.2　技术框架

空气质量预报手机 APP 发布系统采用 MVC 的设计模式，即 Model（模型）- View（视图）-Controller（控制器）模式。整个 APP 开发的框架将分为移动端应用程序框架和 Android 端 APP 内部结构框架两部分。

1）移动端应用程序框架

在服务器端以 Web API 向移动端提供服务，包括提供数据以及其他交互性操作（登录，查找更新，操控仪器等）。

服务端负责逻辑操作，处理完毕的结果以 JSON 格式返回到 APP 端，APP 端只负责简单的逻辑处理即可把结果数据呈现到界面中，以充分利用服务器的运算能力和减轻移动设备的负荷。移动端应用程序框架见图 8-11。

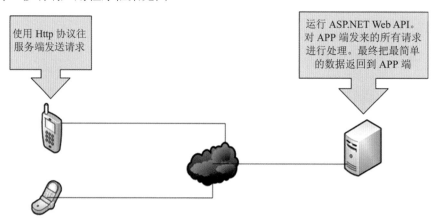

图 8-11　移动端应用程序框架

2）Android 端 APP 内部结构框架

APP 大致分为通用工具、业务性工具、非业务性组件、自定义控件、组件库和 APP 视图布局资源六部分组成。六部分作用分别描述如下：

通用工具：此部分存放通用性工具类和帮助类，目前包括类型转换、时间操作、网络通讯、JSON 解析、屏幕视频、ini 文件操作和拼音转换。

业务性工具：此部分存放带有一定业务性质的且具有通用性类。目前包括污染物下标格式化操作工具类和 AQI 等级与资源匹配工具类。

非业务性组件：这部分存放的组件都是与业务不相关的，这些类都是对 Android 系统的操作进行封装而产生的通用性组件，目前包括数据库文件操作、分享、添加地图、APP 引导、APP 消息推送和 APP 在线升级等组件。

自定义控件：这部分包含了一些常用的而 Android 开发模板中本身也没有提供的控件，目前包括污染物浓度分指数 Grid 表、Badge 控件、柱状图控件、折线图控件、线性布局型列表控件、拼音索引控件、污染物格式化标签控件、下拉刷新控件、图片手势缩放控件、Tip 控件和垂直标签控件。

插件库：包含本 APP 中所有功能性插件。

APP 视图布局资源：包括本 APP 的所有的视图界面，界面中显示的数据和共均由插件库的插件提供和实现，见图 8-12。

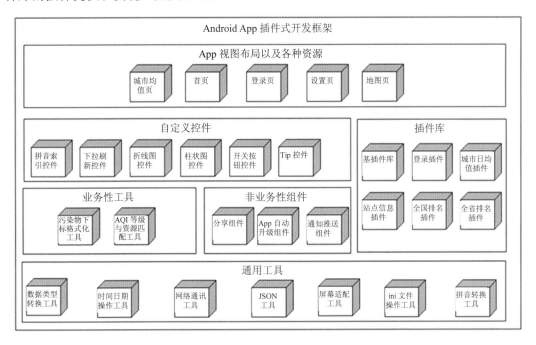

图 8-12　Android 端 APP 内部结构框架

8.4.2.3 开发案例

开发实例以全国空气质量预报 APP 系统为例。该系统具体实现了以下几个目标：区域、城市及其站点 6 种主要污染物和 AQI 实时数据查询；区域、城市及其站点 6 种主要污染物和 AQI 的空气质量监测实况；36 个城市空气质量（未来 6 天）预报与地图式展示；区域、城市重污染预警发布信息的展示；区域城市空气质量预报排名信息的展示；空气质量监测日报、实况、空气质量预报、重污染预警、天气预报、标准规范、空气污染级别说明等多种信息的快速查询。目前，该系统已在中国环境监测总站示范应用，见图8-13～图 8-16。

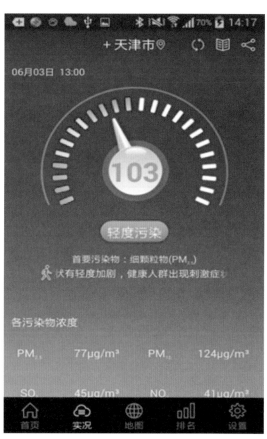

图 8-13　全国空气质量预报 APP 系统　　　　图 8-14　全国空气质量预报 APP 系统

"首页"界面　　　　　　　　　　　　　　"实况"界面

图 8-15 全国空气质量预报 APP 系统"地图"界面

图 8-16 全国空气质量预报 APP 系统"设置"界面

全国空气质量预报移动端发布系统具备如下特色：

1）实现了空气质量预报发布平台移动化

相比以往只能通过网页 Web 端渠道向公众发布空气质量预报相关信息，此 APP 大大提升了通知发布的效率，让民众随时随地查看身边的空气质量状况。

2）运用了更加创新的空气质量预报同步发布机制

较好地解决了由于预报上报时间灵活多变，空气质量预报发布数据的快速同步难题，力保公众获得的空气质量预报信息及时、完整、科学、可靠，以及保证与地市预报结果的一致性。

3）引入了空气质量监测综合信息

增加了站点、城市的空气质量监测实时信息，有利于公众同时依据监测、预报信息做出合适的生活出行安排。

4）实现了 GIS 地图式的空气质量信息展示

5）根据城市、污染程度自适应地标图及人物动画，预报传达更亲民

从数据表格式发布推进到 GIS 地图式综合信息发布的突破，并根据不同的城市适配其含有相应地标的地图，以及结合空气质量污染程度自适应相应的人物动画（颜色、表情等）及提示语，为提高空气质量发布的透明度、实时化和可读性提供科技支撑，更好地为环境管理和社会公众提供高质量的环境信息服务。

全国空气质量预报 APP 系统为环保管理人员实现空气质量达标管理、及时迅速地应对各类城市环境空气质量污染情况提供基础数据和有力的科技支撑，也为公众获取空气质量数据提供了便捷、准确的信息渠道。

第9章 省市预报信息发布案例

及时发布环境空气质量预报信息，满足公众环境知情权，是积极实施大气污染防治行动计划的重要环节。信息发布方式包括电视、网站、手机媒体、微博、移动电视、广播、报刊等，发布内容可包括空气质量实况、变化趋势、常规预报、污染预警、空气质量科普知识等信息，可以使用文字、图表、图片、声音、视频等方式为公众提供服务。本章对上海、江苏、北京和河南省（市）信息发布案例进行详细介绍，提供多种案例工作设计参考。

9.1 上海市空气质量信息发布

上海市空气质量信息发布载体有上海空气质量实时发布系统、智能手机客户端、微博及电视媒体等。

9.1.1 上海空气质量实时发布系统

上海空气质量实时发布系统用空气宝宝的不同表情和发色代表空气质量的不同污染等级与污染程度，网站的背景图片颜色也会随着污染等级而变化，见图9-1。

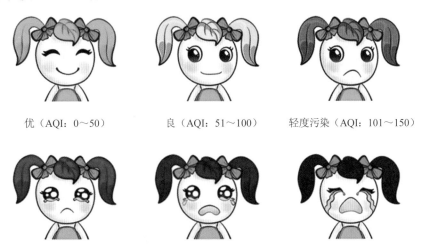

优（AQI：0～50）　　　良（AQI：51～100）　　　轻度污染（AQI：101～150）

中度污染（AQI：151～200）　　重度污染（AQI：201～300）　　严重污染（AQI：301～500）

图 9-1　上海空气质量实时发布系统空气宝宝

考虑到霾污染与公众的视觉感受比较贴近,为帮助公众更直观地"感知"当前的空气质量状况,实时发布网站还发布上海外滩地区的实景照片,并可查看过去 24 小时每个整点的实景照片,便于市民从感观上直接判断当前的霾污染状况,见图 9-2。

图 9-2　上海外滩地区的实景照片发布

9.1.2　智能手机客户端发布软件

为便于公众随时随地了解空气质量信息,发布系统还推出了空气质量手机发布软件。在上海市空气质量实时发布系统网站上还提供手机版软件的下载,公众可以免费下载(目前提供版本包括 Android 系统和 iPhone 手机客户端),并附相应的安装说明,见图 9-3。

图 9-3　上海空气质量手机下载页面

9.1.3　微博发布

新浪网、腾讯网、东方网、新民网四大微博平台"上海环境"官方微博每天进行2～4次发布（7：00、10：00、14：00、17：00），包括文字和图片，见图9-4、图9-5。

上海市空气质量实况
发布时间：2017年3月22日14时

实时空气质量指数

28
优

站点状况

站点	指数	质量状况
普陀监测站	29	优
杨浦四漂	28	优
卢湾师专附小	33	优
*青浦淀山湖	26	优
虹口凉城	28	优
静安监测站	29	优
徐汇上师大	25	优
浦东川沙	27	优
浦东张江	NA	NA
浦东监测站	26	优

健康影响：空气质量令人满意,基本无空气污染

建议措施：各类人群可正常活动

PM2.5各站点当前浓度
单位：微克/立方米

普陀监测站	杨浦四漂	卢湾师专附小	*青浦淀山湖	虹口凉城	静安监测站	徐汇上师大	浦东川沙	浦东张江	浦东监测站
20	19	23	18	19	20	17	14	—	18

空气质量相关知识

什么是实时空气质量指数？
　　实时空气质量指数就是各项污染物的小时空气质量分指数中的最大值,当实时空气质量指数大于50时对应的污染物即为首要污染物。

什么是首要污染物？
　　参与计算实时空气质量指数的污染物共6个,分别为PM2.5(细颗粒物)、PM10(可吸入颗粒物)、O3(臭氧)、CO(一氧化碳)、SO2(二氧化硫)和NO2(二氧化氮),根据6项污染物计算得出7项IAQI(空气质量分指数),取IAQI值最大的一项作为当前指数,当指数>50时,其对应的污染物即为首要污染物,代表当前空气的污染类型。

怎样看懂实时空气质量？
　　实时空气质量指数共分6级,分别为优(0-50)、良(51-100)、轻度污染(101-150)、中度污染(151-200)、重度污染(201-300)和严重污染(301-500),值越大污染就越严重,对健康影响就越大。

说明
1."-"为监测仪器仪器进行校零、校标或遇故障时,该点位相应时无数据。
2.*注：青浦淀山湖站点为背景点,不参与全市平均。

上海环境

图9-4　上海市空气质量状况微博发布用图示例

上海环境 V

3月22日 14:28 来自 未通过审核应用

3月22日14时上海市实时空气质量指数为28，优，各类人群可正常活动。欲了解更多信息，请登录上海空气质量实时发布系统 🖉 上海市空气质量实时发布系统。

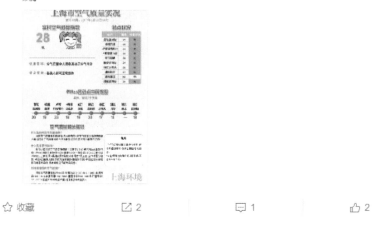

☆ 收藏   🔲 2   💬 1   👍 2

图9-5　上海市空气质量状况微博发布页面示例

9.1.4　电视电台发布

上视新闻综合频道每天 7 点早新闻、12 点午新闻、18：30 新闻报道、21：30 新闻夜线播出进行四次正点实时空气质量播报，此外上海人民广播电台、东方广播电台每天随新闻栏目多次播报最新空气质量信息，见图 9-6。

图 9-6　新闻综合频道早 7 点新闻发布上海市空气质量

9.2　江苏省空气质量信息发布

江苏省空气质量信息发布载体有江苏省环境保护厅官方网站、智能手机客户端、平板电脑客户端、新浪微博及电视媒体等。

9.2.1　江苏省环境保护厅官方网站信息发布

在江苏省环境保护厅官方网站首页数据中心中，可链接至江苏省环境数据公众服务平台，发布的信息有城市和点位空气质量实时数据，点位空气质量日报，省级区域与城市空气质量预报等，见图 9-7。

图 9-7　江苏省环境数据公众服务平台—实时数据

省、市两级预报信息发布频次为每日 17 时前对外发布，次日 7 时前更新发布。省级区域预报时长为未来 5 天，分为：①全省区域未来 2 天环境空气质量精细化预报；②全省区域未来第 3～第 5 天的空气质量趋势预报，省级区域预报发布内容为空气质量等级和首要污染物；市级预报时长为未来 2 天，预报发布内容为 AQI 范围、空气质量等级和首要污染物，见图 9-8、图 9-9。

发布单位：江苏省环境保护厅

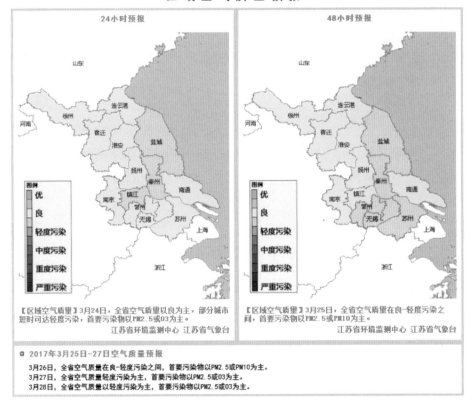

图 9-8　江苏环保网省级区域空气质量预报信息发布

图 9-9　江苏环保网市级空气质量预报信息发布

在官网的省内要闻栏目中，及时发布空气质量预警信息。

图 9-10　江苏环保网空气质量预警信息发布

9.2.2　智能手机和平板电脑客户端空气质量信息发布

智能手机客户端信息发布内容主要有城市空气质量实时数据、区域预报、城市预报、区域预警、城市月报等，可以查看城市 6 项污染物的实况浓度、未来 5 天的空气质量预报，各城市 3 个月内的月达标率和优良天数、全国 24 小时空气质量和风场的变化情况，以及省级的区域预警信息和措施等。平板电脑客户端信息发布内容与智能手机客户端类似，见图 9-11、图 9-12。

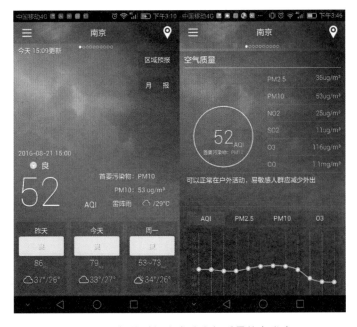

图 9-11　智能手机客户端空气质量信息发布

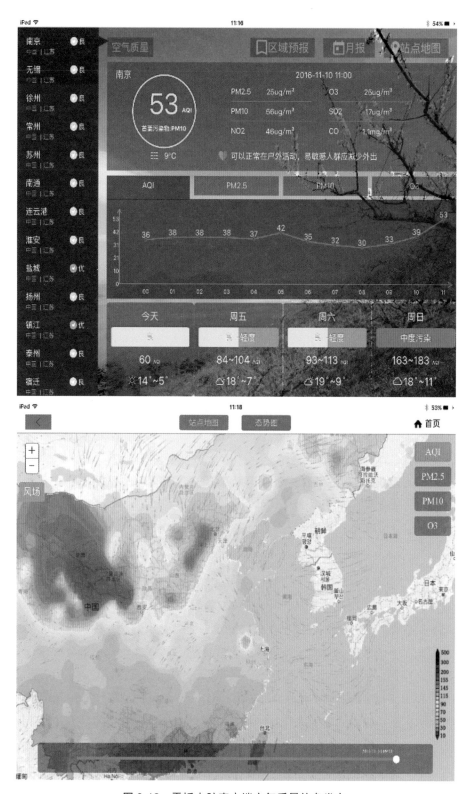

图 9-12　平板电脑客户端空气质量信息发布

9.2.3 微博信息发布

江苏环保新浪官方微博空气质量信息发布主要是空气质量日报、空气质量预报和预警等，见图9-13、图9-14。

图 9-13

图 9-14 江苏环保新浪微博空气质量预警信息发布

9.2.4 电视媒体信息发布

江苏空气质量信息也推送给电视媒体，在每日地方新闻栏目后进行播出。主要信息为当日空气质量实况，见图9-15。随着空气质量数据的实时发布技术日益成熟，各电视媒体也可通过江苏省环境保护厅官网的实时数据发布，对本台发布的空气质量信息进行合理设计与制作，数据源为官网数据。

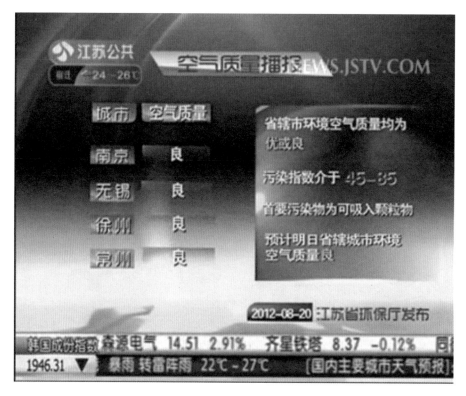

图 9-15 江苏公共频道空气质量日报信息发布

9.3 北京市空气质量信息发布

北京市空气质量信息发布以官方微博信息发布为主要特色载体。北京市环境保护监测中心官方微博"北京环境监测"于 2011 年 12 月开始上线，以文字、图片、视频、投票、微博等多种形式发布北京市大气环境监测实况、预报预警、重污染分析、环保科普等信息，并转发部分相关动态。截至 2016 年，累计发布微博近 9 000 条，关注人数突破百万，是官方第一时间发布空气质量信息，公众第一时间了解空气质量信息的重要窗口。

"北京环境监测"每天例行发布多条空气质量实况信息，并在下午发布未来两到三天的空气质量预报信息。当遇到空气重污染或者空气质量有特殊变化的时候，以定制微博的方式加密发布，主要包括专家及时分析解读、利用多种观测信息分析解读和大气环境科普信息推送等三个方面内容。

9.3.1 专家即时分析解读

针对特殊污染过程和变化，利用北京市环境保护监测中心自身的专家资源优势在微博平台第一时间进行分析和解疑，对污染过程的成因、走势定性，进行正确及时的舆论导向，一方面满足了公众对空气质量信息的需求，另一方面也弥补了传统媒体发布周期长的弱势。

以下为针对"一次重污染过程的分析""除夕烟花爆竹对空气质量的影响"，以及解答网友提问和认识误区的案例，见图9-16～图9-18。

12月25日我市重污染情况分析

2015 年 12 月 25 日 11:04 | 阅读 4019 | 删除

24日上午，我市中心城区 $PM_{2.5}$ 浓度维持在 $50\mu g/m^3$ 左右，空气质量为二级良，但周边东部及南部区域空气质量仍维持重度以上污染水平。下午，随着控制北京的冷高压系统减弱西退，我市逐渐转为低压控制，地面转为偏东偏南风，东部和南部的高浓度污染气团，快速向西向北回流到城区，全市整体呈现东高西低、南高北低的空间分布特征，一级优和六级严重污染并存，空间差异极大。同时中心城区 $PM_{2.5}$ 浓度快速跃升，至 24 时 $PM_{2.5}$ 平均浓度已超过 $400\mu g/m^3$，个别站点出现超过 $600\mu g/m^3$ 的极高污染浓度，全市空气质量达到六级严重污染，并在 24 日夜间到 25 日上午持续维持。

25日白天到夜间，我市继续受低压系统控制，弱南风，湿度接近饱和，目前的高浓度污染气团将持续滞留，并叠加本地污染排放的积累，污染难以缓解。26 日北部弱冷空气开始影响我市，但移动较为缓慢，由于前期污染物浓度高，预计午后我市自北向南空气质量才有明显改善。27 日在冷空气的持续作用下，我市空气质量可达到良至轻度污染级别。

图 9-16　某次重污染情况解读

除夕至初一北京市空气质量情况

2016 年 2 月 8 日 10:13 | 阅读 8983 | 删除

2 月 7 日(除夕),本市空气质量 2 级,首要污染物为 PM$_{2.5}$,日均浓度为 52μg/m^3。

自除夕下午 19 时起,受烟花爆竹燃放影响,我市 PM$_{2.5}$ 浓度开始呈上升趋势,20 时起,部分点位浓度达到 100μg/m^3 以上。23 时多数监测站点 PM$_{2.5}$ 小时浓度都接近 150μg/m^3,部分站点达到 200μg/m^3。零时至 1 时,由于烟花爆竹集中燃放,全市 PM$_{2.5}$ 小时浓度明显跃升,凌晨 2 时达到峰值浓度 700μg/m^3。全市最高值出现在平谷镇、通州区、房山良乡、亦庄和京西南边界站,小时浓度均达到 1 000μg/m^3 以上。同期远离燃放区域的密云水库、八达岭等监测子站 PM$_{2.5}$ 浓度在 40μg/m^3 以内,比全市平均值低 600μg/m^3 以上。

由于除夕夜间我市地面为静风,污染扩散条件明显转差,PM$_{2.5}$ 浓度达到峰值后的回落速度较为缓慢,除夕后半夜(2 月 7 日 1 时—6 时)全市 PM$_{2.5}$ 浓度始终维持在较高水平(460μg/m^3 以上)。

与 2015 年同期相比,受扩散条件不利影响,今年除夕前半夜 PM$_{2.5}$ 浓度呈持续上升趋势,23 时之后上升速度较为迅速,峰值浓度同比上升 69%;除夕后半夜 PM$_{2.5}$ 浓度下降缓慢,除夕夜 18 时至初一 06 时,PM$_{2.5}$ 小时平均浓度同比上升 53%。

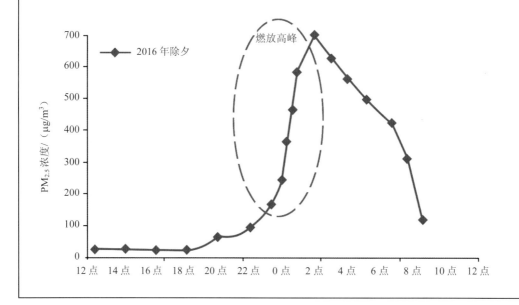

图 9-17　除夕重污染情况解读

koala1214：回复@北京环境监测:嗯嗯~~这个常识应该推广一下。。
10月21日 11:13　　　　　　　　　　　　　　　　　　查看对话　|　回复　|　👍 2

包子的猫窝 ★：水汽和水雾？

10月21日 11:06　　　　　　　　　　　　　　　　　　　　　　回复　|　👍 1

北京环境监测 V：回复@koala1214:如果您想目测空气质量，可以这样。如果街对面的楼房很清晰，那是好空气质量；如果不清楚，但是中间空气发白，就像今天，那是水汽和水雾，空气质量也是好的；如果看不清楚，而且发灰，那是有灰霾，空气质量不好，就像19日那样。
10月21日 11:01　　　　　　　　　　　　　　　　　　查看对话　|　回复　|　👍 4

koala1214：人民大学外都这样了。。这也是空气质量良？

10月21日 10:44　　　　　　　　　　　　　　　　　　　　　　回复　|　👍 1

图 9-18　微博互动

9.3.2 利用多种观测信息分析解读

传统的以监测站污染物浓度来发布的空气质量信息不够直观，而且在微博这一平台上并不具有优势。北京市环境监测中心利用综合观测以及遥感手段获得的信息从多角度提供空气质量的解读，力求使公众对于空气质量的认知从单点的浓度水平，向污染物的空间分布、垂直差异、动力传输、化学变化、颗粒物组分等维度发展。

图 9-19 为利用静止卫星的高时空分辨率遥感产品直观展示空气污染的区域特征。

北京环境监测 ✔
11月4日 11:38 来自 微博 weibo.com

【11月04日北京及周边地区遥感影像图】京津冀平原持续为雾霾所笼罩，形成区域性重污染

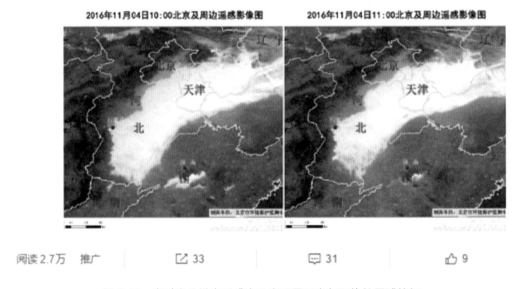

阅读2.7万　推广　　　☐ 33　　　☐ 31　　　👍 9

图 9-19 高时空分辨率遥感产品直观展示空气污染的区域特征

9.3.3 大气环境科普信息推送

北京市环境监测中心针对不同季节的大气污染特征定制了多条科普信息，引导公众的正确认知以及正确采取必要的健康防护措施。例如，针对臭氧污染天气的科普微博，见图 9-20。

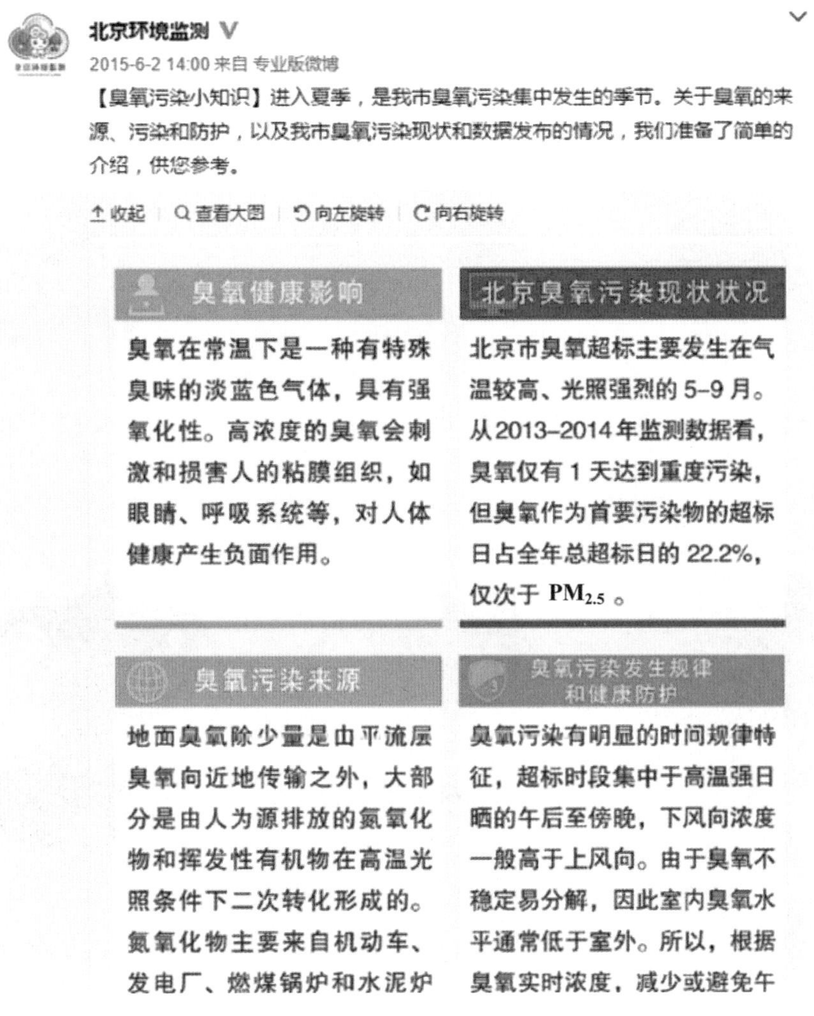

北京环境监测 V

2015-6-2 14:00 来自 专业版微博

【臭氧污染小知识】进入夏季，是我市臭氧污染集中发生的季节。关于臭氧的来源、污染和防护，以及我市臭氧污染现状和数据发布的情况，我们准备了简单的介绍，供您参考。

↥ 收起 | 🔍 查看大图 | ↺ 向左旋转 | ↻ 向右旋转

臭氧健康影响

臭氧在常温下是一种有特殊臭味的淡蓝色气体，具有强氧化性。高浓度的臭氧会刺激和损害人的粘膜组织，如眼睛、呼吸系统等，对人体健康产生负面作用。

北京臭氧污染现状状况

北京市臭氧超标主要发生在气温较高、光照强烈的 5~9 月。从 2013~2014 年监测数据看，臭氧仅有 1 天达到重度污染，但臭氧作为首要污染物的超标日占全年总超标日的 22.2%，仅次于 $PM_{2.5}$。

臭氧污染来源

地面臭氧除少量是由平流层臭氧向近地传输之外，大部分是由人为源排放的氮氧化物和挥发性有机物在高温光照条件下二次转化形成的。氮氧化物主要来自机动车、发电厂、燃煤锅炉和水泥炉

臭氧污染发生规律和健康防护

臭氧污染有明显的时间规律特征，超标时段集中于高温强日晒的午后至傍晚，下风向浓度一般高于上风向。由于臭氧不稳定易分解，因此室内臭氧水平通常低于室外。所以，根据臭氧实时浓度，减少或避免午

图 9-20 针对臭氧污染天气的科普微博

9.4 河南省空气质量信息发布

河南省空气质量信息发布以智能手机客户端信息发布案例为主要特色载体。河南省空气质量实况与预报智能手机客户端使用了具有河南特色的大象吉祥物来表示空气污染程度，大象的不同表情和肤色代表着不同的空气质量级别，可爱的大象为整个客户端软件添加了活跃的色彩和保护环境意识的感情，见图 9-21。

优 AQI（0～50）　　　　　良 AQI（51～100）　　　　轻度污染 AQI（101～150）

中度污染 AQI（151～200）　　重度污染 AQI（201～300）　　严重污染 AQI（301～500）

图 9-21　不同空气质量级别大象吉祥物的表现形式

　　登录界面以蓝天白云、绿色草地来表现优美空气环境，采用蓝色和绿色为主色调。可从地图页面实时展示全国各城市空气质量实时数据，不同颜色代表不同污染级别，可迅速判断周边地区污染状况，有影像模式和公路模式两种地图可供选择。点击每个城市可显示近 24 小时六项污染物浓度趋势及 AQI 趋势，见图 9-22。

图 9-22　河南省智能手机客户端界面

客户端主要以城市、地图、空气质量三大功能点出发，以空气质量展示为主，以天气预报和生活指数为辅，见图 9-23。

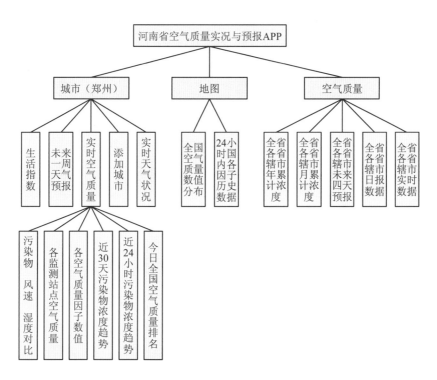

图 9-23　河南省智能手机客户端功能详情

空气质量详情页面包括 5 部分内容：①当前及全国各城市 AQI 实时排名列表；②当前城市各项污染物实时浓度，近 24 小时和近 30 天各污染物浓度趋势；③当前城市各监测站点实时空气质量，近 24 小时和近 30 天各监测站点空气质量变化趋势；④当前城市近 24 小时、近一周、近 30 天 AQI 趋势和近 12 个月月报趋势；⑤近 24 小时 6 项污染物浓度以及风速、湿度趋势对比，见图 9-24。

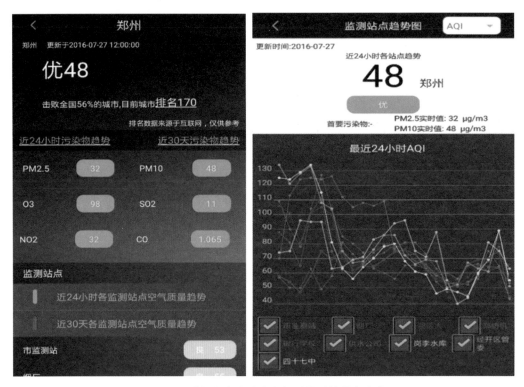

图 9-24　手机客户端城市空气质量详情信息发布

在城市主界面，滑动页面向下可展示未来五天的天气预报以及生活指数建议。点击实时天气信息旁的空气质量模块，可查询当前城市未来 4 天的空气质量级别预报情况，见图 9-25。

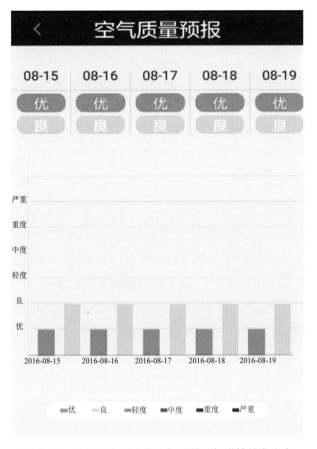

图 9-25 手机客户端城市空气质量预报详情信息发布

第 10 章　国外预报信息发布系统介绍

10.1　美国 AirNow

美国空气质量预报经过 40 多年的发展历程，从 20 世纪 70 年代初颁布《空气清洁法》（Clean Air Act）开始，截至 2010 年，近 300 个城市空气中 $PM_{2.5}$ 年平均浓度值均达到了每立方米不超过 15 μg 的清洁空气标准。为此，美国逐渐建立了覆盖全面、监测性质丰富、级别和目的不同的空气质量监测网络。美国 AirNow 空气质量预报平台是由美国国家环保局（EPA）开发的一套国际先进的环境空气质量信息管理和发布系统。EPA 的 AirNow 系统经历了三代的开发，在空间范围上扩展到大陆尺度，可同时预报 80 多种污染物，在预报方法上加入了化学物质和气象要素之间的反馈作用，可对复杂的空气污染情况，包括臭氧、颗粒物、有毒化学物质、酸沉降、能见度等问题综合处理。AirNow 包括排放模型系统 SMOKE、气象系统 MM5、通用多尺度空气质量模型系统 CMAQ（核心系统）三个子系统。这样一套较完整的空气质量监控网络是美国保护环境和评估空气质量的重要手段，可以为用户提供一周的 AQI、O_3、PM_{10} 的 PDF 报表、24 小时的 AQI、PM_{10}、O_3 预报。

AirNow 集中了美国的空气质量监测网络的所有监测数据，并通过基于互联网的空气信息检索系统供政府官员、研究人员和有兴趣的公众索取和使用。其中，"国家核心网络"是一个包含多元污染物的监控网络，它利用 AirNow 及其他大众传播媒体对公众定时发布多元化污染物的动态时空监测信息，并通过空气质量模型和其他观测方法评估减排策略的效果。同时，美国 NOAA 与 EPA 联合发布覆盖全美的每日区域空气质量预报产品。通过 AirNow 网站（http：//www.airnow.gov/）的地图展示功能，提供全国每日 AQI 预报以及未来两天的臭氧日最大 8 小时平均值的区域分布预报，见图 10-1，但臭氧预报仅为州级和地方预报员提供服务，不等同于官方的空气质量预警。各城市官方的空气质量预报信息则通过汇总表显示，内容包括各州的各城市 AQI 实时值与未来两天的 AQI 预报值。

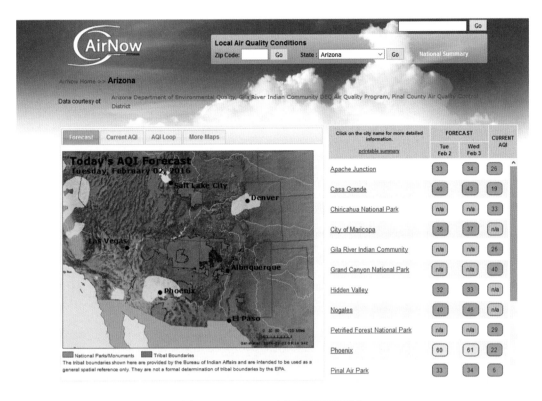

图 10-1　AirNow 空气质量预报平台

10.2　加州 Five Day

　　加利福尼亚州（以下简称加州）是美国西海岸重要的联邦州，州内的洛杉矶曾经发生过历史上著名的"烟雾事件"。1950 年，加州政府通过法律，根据烟色浓度系统限制烟雾排放。1959 年，加州成为全美第一个制定大气质量标准的州。加州政府的治霾经验，是非常值得借鉴的。Five Day 预报系统（http：//www.baaqmd.gov/）是加州湾区空气质量管理局研发的区域性空气质量预报系统，如图 10-2 所示，该系统的预报内容包括 $PM_{2.5}$、O_3 等污染物未来 5 天的空气质量预报，形式采用报表和渲染图共同展示。

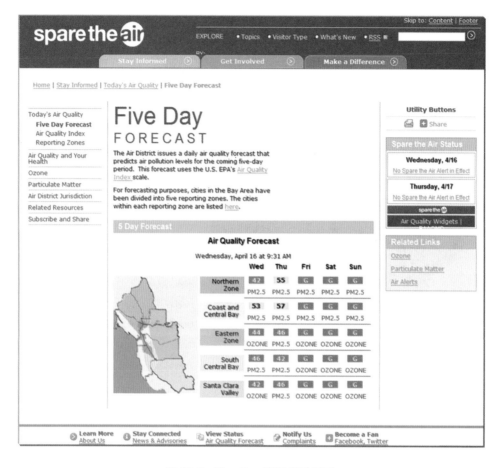

图 10-2　Five Day 预报系统界面

10.3　欧洲中期数值预报中心（ECMWF）

欧洲中期天气预报中心（European Centre for Medium-Range Weather Forecasts，ECMWF）是一个包括 22 个欧盟成员国和 12 个合作国的国际性组织，是当今全球独树一帜的国际性天气预报研究和业务机构。其前身为欧洲的一个科学与技术合作项目。1973 年，有关国家召开大会宣布 ECMWF 正式成立，总部设在英国的 Bracknell。1979 年 6 月，ECMWF 首次发布了实时的中期天气预报，1979 年 8 月，ECMWF 开始发布业务性中期天气预报，为其成员国提供实时的天气预报服务。

目前，建立空气质量信息系统是欧洲国家空气质量管理的一个方向，所谓空气质量信息系统，是将与空气质量有关的资料系统、预报模式、预报系统、决策系统和评估系统等有机地结合在一起。MACC 是欧盟 "Horizon 2020 Programme" 下资助的一系列 2014—

2015 年度行动计划之一，旨在为政府、企业和公众提供有力的大气环境信息支持和服务，它由 ECMWF 和其他 35 个机构进行协调和运作，其空气质量预报系统界面如图 10-3 所示。（http：//macc-raq.gmes-atmosphere.eu/som_regrid_ens3D.php）

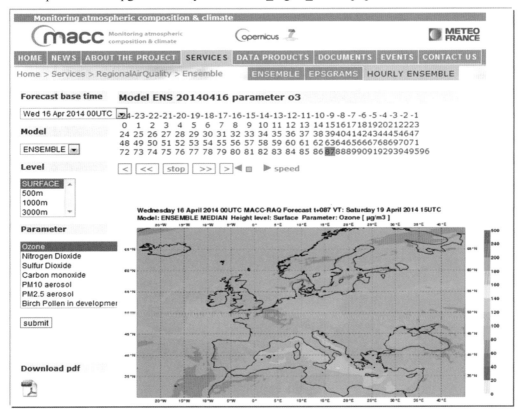

图 10-3　欧洲中心（MACC）O_3 预报网站界面

10.4　欧洲其他国家空气质量信息系统

欧洲已有很多国家建立了空气质量信息系统，如德国的 EURAD/RIU、挪威的 AirQUIS 的系统、丹麦的大气化学预报系统 DACFOS、芬兰的空气污染信息系统 API-FMI、意大利的空气质量控制信息系统 ATMOSFERA。其中，德国空气质量预报系统（EURAD/RIU，http：//db.eurad.uni-koeln.de/de/vorhersage/eurad-im.php）（见图 10-5），可以提供未来 72 小时的空气质量预报，内容包括：SO_2、NO_2、O_3、CO、PM_{10}、HCHO、AQI 等，展示形式为区域地图的不同颜色渲染加数字（城市均值）展示，双击图片即可进入各项污染物的渲染，见图 10-4 和图 10-5，可查看未来 72 小时的预报值。

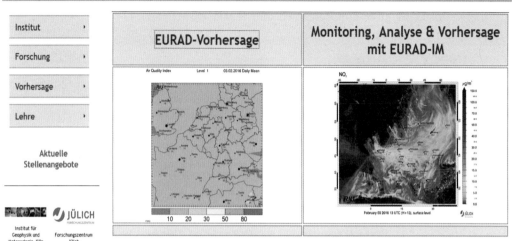

图 10-4　德国空气质量发布总体页面

图 10-5　德国未来 72 小时的 PM_{10} 预报值

第 11 章 预报网络信息安全

11.1 信息安全概述

随着信息技术与网络应用的普及和高速发展，通过进行信息化建设增强自身核心竞争力的应对策略已经得到政府和企业的共识。然而，大多政府、企业在加快信息化建设的过程中，将更多的精力集中到了各种业务应用的开展上，在信息安全建设方面相对滞后。另外，受限于资金、技术、人员、安全意识等多方面因素，信息安全问题也就浮出水面并显得尤为紧迫，病毒泛滥、黑客攻击、垃圾邮件、恶意软件、网络堵塞、信息失控、数据丢失等将给业务应用带来巨大的经济损失。如何提高信息系统的安全，保障业务系统连续不中断，使信息系统更好地为业务系统服务是当前亟待解决的问题。

环保部门的空气质量预报业务在信息化建设上取得了快速的发展，同时在信息安全的建设上也初具规模。由于预报业务越来越依赖于网络，并且与外部的连接接口越来越多，必然会带来一些安全上的问题，并随着业务的发展日益突出。为保证网络、系统能够健康稳定的运行，有必要建立起一套完整的安全保护体系，通过技术、管理和组织等多种手段保证预报业务系统对安全的需求。

随着业务的发展，环保行业原有的安全防护措施无法满足安全发展的需求。近期，预报网络评估频频发现，当前网络流量中存在后门软件等问题。另外服务器、终端设备的漏洞比较多，补丁更新不及时，使得网络和业务系统时常受到影响。为了满足信息安全的发展，环保信息化方面须重新制定安全策略，建立完整的安全保障体系。

11.2 信息安全建设目标

伴随着信息化意识的不断提高，预报信息系统建设的不断深化，网络上的应用也越来越多。全方位的、更有效的、深层次的保护和管理系统资源以及网络资源，是实现预报信息系统安全建设的主要目标。具体表现在：

1）保护网络内部的信息资源，防止内部信息泄漏、被窃、篡改、删除、假冒、抵赖；

2）提供对网络资源的访问控制，针对用户应用进行管理和控制，阻止外部入侵；

3）为网络、业务应用系统、对外服务系统提供必要的安全保护；

4）建立网络安全分析、审计监控及入侵检测系统，为不断提高网络安全强度提供有效的技术手段；

5）建立安全恢复机制，在安全策略出现问题时能及时恢复；

6）建立完善的安全管理机制，强化安全管理。

11.3 信息安全风险分析

11.3.1 物理安全分析

物理安全是整个计算机信息系统安全的基石，其目标是保护计算机设备、通信链路和其他媒体免遭自然灾害、环境事故、人为失误及各种计算机犯罪行为导致的破坏。主要包括环境安全、设备安全、媒体安全等方面。

物理安全风险可分为非人为安全风险和人为安全风险两部分。非人为安全风险指自然灾害、环境影响和设备故障等造成的风险，人为安全风险是指由人员失误或恶意攻击等造成的风险。

11.3.2 服务器安全分析

服务器安全主要包括操作系统安全和系统权限管理安全等。操作系统安全问题主要表现在操作系统存在缺陷或 BUG 导致的安全问题；系统权限管理安全问题主要表现系统权限分配不够严谨、账号密码设置过于简单或密码修改不够及时等。同时，主机也会受到来自病毒、黑客等的袭击，主机对此也必须做好预防。

11.3.3 网络安全分析

内部网络与外部网络间如果没有采取一定的安全防护措施，内部网络容易遭到来自外部网络的攻击。包括来自 Internet 的风险和下级单位的风险。

内部局域网的不同部门或用户之间，如果没有采用相应一些访问控制，也可能造成信息泄漏或非法攻击。据调查统计，已发生的网络安全事件中，70%的攻击是来自内部。因此内部网的安全风险更高。内部员工对自身企业网络结构、应用比较熟悉，自己攻击或泄露重要信息，都将可能成为导致系统受攻击的最致命安全威胁。

随着环境监测部门的互联互通以及移动办公的普及，既要保证部门间信息及时共享，又要防止机密信息的泄漏，已经成为不得不考虑的问题。

11.3.4 应用层安全分析

应用层安全是指用户在网络上的应用系统的安全，网络基本服务系统、业务系统等。各应用包括对外部和内部的信息共享以及各种跨局域网的应用方式，其安全需求是在信息共享的同时，保证信息资源的合法访问及通信隐秘性。

11.3.5 管理层安全分析

在网络安全中安全策略和管理扮演着极其重要的角色，如果没有制定非常有效的安全策略，没有执行严格的安全管理制度，来控制整个网络的运行，那么这个网络就很可能处在一种混乱的状态。

11.4 信息系统安全设计

11.4.1 物理安全

对于预报信息系统而言，安全设计首先需要保证物理安全，这主要是解决计算机周边环境的防盗、防破坏、防雷、防火、防磁、防掉电等问题，维持系统工作的适合温度以及湿度，以保证计算机及其他硬件系统能在一个安全的环境下长时间、不间断、稳定地进行工作。

实现物理安全主要包括以下两个方面：

1）环境安全

严格按照国家有关标准建设数据中心机房，除满足前面所提出的要求外，还需要满足《电子计算机机房设计规范》（GB 50173—93）、《计算站场地技术条件》（GB 2887—89）、《计算站场地安全要求》（GB 9361—88）等国家标准的相关规定。

2）设备安全

主要包括设备的防盗、防毁、防电磁信息辐射泄漏、防止线路截获、抗电磁干扰及电源保护等。另外，针对重要网络和计算机设备以及重要的通信线路，采用冗余备份措施。

11.4.2 网络安全

对于网络层安全，不论是安全域划分还是访问控制，都与网络架构设计紧密相关。网络架构设计是网络层设计的主要内容，网络架构的合理性直接关系到网络层安全。

网络架构设计需要做到：统筹考虑信息系统安全等级、网络建设规模、业务安全性需求等；准确划分安全域（边界）；网络架构应有利于核心服务信息资源的保护；网络架构应有利于访问控制和应用分类授权管理；网络架构应有利于终端用户的安全管理。

网络层安全主要涉及网络安全域的合理划分问题，其中最重要的是进行访问控制。网络安全域划分包括物理隔离、逻辑隔离等，访问控制技术包括虚拟局域网（VLAN）技术、身份认证技术、入侵检测技术（IDS）、防火墙技术等。

1）虚拟局域网（VLAN）技术。主要是利用 VLAN 技术将内部网络分成若干个安全级别不同的子网，有效防止某一网段的安全问题在整个网络上传播。

2）身份认证技术。即公共密钥基础设施（PKI），主要是由硬件、软件、各种产品、过程、标准和人构成的一体化的结构。PKI 可以做到：确认发送方的身份；保证发送方所发信息的机密性；保证发送方所发信息不被篡改；发送方无法否认已发该信息的事实。

3）入侵防御技术（IPS）。主要是通过从计算机网络系统中若干关键节点收集信息并加以分析，监控网络中是否有违反安全策略的行为或者是否存在入侵行为。它能提供安全审计、监视、攻击识别和反攻击等多项功能，并采取相应的行动，是安全防御体系的一个重要组成部分。

4）防火墙技术。防火墙是实现网络信息安全的最基本设施，采用包过滤或代理技术使数据有选择地通过，有效监控内部网和外部网之间的任何活动，防止恶意或非法访问，保证内部网络的安全。

11.4.3　服务器安全

为了解决操作系统自身存在的漏洞，防止不法分子利用操作系统的安全漏洞对系统构成安全威胁，需采取以下三个方面的措施：

1）选择适用的防病毒软件

网络防病毒软件是一个综合的防御体系，集成了网关，邮件防毒，Web 防毒和文件防毒几大部分。其应该具有以下功能：

（1）实现网关防护，将病毒隔离在局域网之外。

（2）统一防病毒策略。对局域网中的所有客户机实现统一管理、统一调控。

（3）定期更新定义文件和引擎，可以在无人干预的情况下，实现局域网内每个客户机和服务器的病毒定义和软件更新。

（4）综合防护，对企业内部的邮件、Web 服务器等实现综合防护。

（5）防病毒客户软件安装自动化，实现登录到网络域中的计算机防病毒客户端的自动安装。

2）自动更新服务器

及时更新操作系统、及时安装各种补丁程序对服务器安全非常重要。

操作系统应及时更新操作系统厂商发布的补丁，定时修改用户密码，以解决操作系统的自身安全。

3）VPN（虚拟专网）技术

虚拟专网（VPN-Virtual Private Network）指的是在公用网络上建立专用网络的技术。VPN 主要采用了隧道技术、加解密技术、密钥管理技术和使用者与设备身份认证技术。

VPN 兼备了公众网和专用网的许多特点，将公众网可靠的性能、扩展性、丰富的功能与专用网的安全、灵活、高效结合在一起。

11.4.4　应用安全

应用安全是指通过利用各应用程序和数据库自身的安全机制，在应用层保证对系统信息访问的合法性，提供统一的认证，示意图如图 11-1 所示。

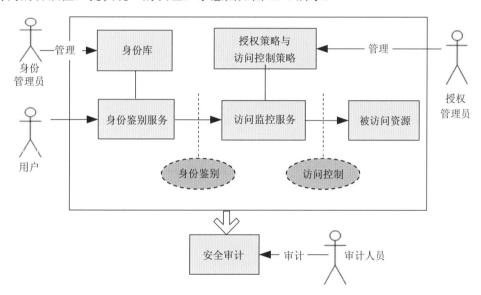

图 11-1　应用安全设计示意图

1）身份鉴别模型

身份鉴别机制的一般模型如图 11-2 所示。

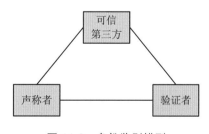

图 11-2　身份鉴别模型

鉴别模型一般由可信第三方、声称者和验证者三部分组成。声称者向验证者声明自己的身份并出示用于验证其身份的凭证，验证者验证声称者的身份凭证，验证过程可由验证者独立完成也可委托可信第三方完成。身份鉴别分为单向鉴别和双向鉴别。单向鉴别时验证者鉴别声称者的身份，而双向鉴别时验证者和声称者相互验证对方的身份。常用的身份鉴别技术包括：基于口令的鉴别方式、基于智能卡的鉴别方式、基于生物特征的鉴别方式和一次性口令鉴别方式。

2）访问控制模型

访问控制系统一般采用参考监控器的访问控制机制。参考监控器负责调解主体对系统资源（即客体）的访问，通过监测访问控制策略库中的规则来进行访问请求判断，然后执行。访问控制策略可以用访问矩阵来表示，行表示主体，列表示客体，每个元素表示主体对相应客体的访问权限。参考监控器将三组信息输入访问控制策略进行计算，计算的最终结果是对访问的"允许（allow）"或"禁止（deny）"，见图 11-3。

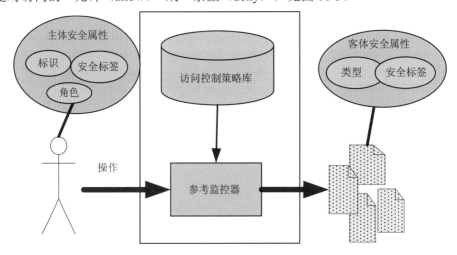

图 11-3　访问控制参考模型

（1）常用访问控制技术

常用访问控制实现方法包括：访问控制表（ACL）、访问能力表（Capabilities）和授权关系表。这些实现方法均可抽象为访问控制矩阵，其结构如图 11-4 所示的访问控制矩阵中，主体 S1 对客体 01、02、03 具有 Read 权限，还对 01 具有 Write 权限。

主体	客体		
	01	02	03
S1	Read/Write	Read	Read
S2		Write	
S3	Execute		Read

图 11-4　访问控制矩阵

任何访问控制策略最终均可被模型化为访问矩阵形式。在访问控制矩阵中行对应于主体，列对应于客体，每个矩阵元素规定了相应的主体对应于相应的客体被准予的访问许可或实施行为。

（2）常用访问控制策略

较为常用的访问控制策略包括自主访问控制、强制访问控制和基于角色的访问控制。

自主访问控制（Discretionary Access Control，DAC）是一种常用的访问控制方式，它基于对主体或主体属性的主体组的识别来限制对客体的访问，这种控制是自主的。自主是指主体能够自主地（可间接地）将访问权限或访问权的某个子集授予其他主体。

NIST 给出了基于角色的访问控制（Role Base Access）参考模型，该模型在用户和访问权限之间引入了角色的概念，它的基本特征是根据安全策略划分角色，对每个角色分配操作许可；为用户指派角色，用户通过角色间接地对信息资源进行访问。如图 11-5 所示。

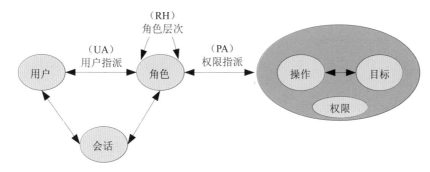

图 11-5　RBAC 参考模型

在 RBAC 模型中权限与角色相关联，用户通过取得适当的角色从而获得合适的权限。这可以有效地简化权限管理。在新的应用中同一角色可以授予新的权限，当需要时应用权限可以从角色上被撤销，而无需修改用户的角色，同样可修改用户的角色，使其具有复杂的权限，而不需要修改角色权限。

（3）安全审计

安全审计系统必须实时监测系统中发生的各类与安全有关的事件，如网络入侵、内部资料窃取、泄密行为、破坏行为、违规使用等，将这些情况真实记录，并能对严重的违规行为进行阻断。安全审计系统所做的记录如同飞机上的黑匣子，在发生网络犯罪案件时能够提供宝贵的侦破和取证辅助数据，并具有防销毁和篡改的特性。

安全审计跟踪机制的内容是在安全审计跟踪中记录有关安全的信息，而安全审计管理的内容是分析和报告从安全审计跟踪中得来的信息。安全审计跟踪将考虑要选择记录什么信息以及在什么条件下记录信息。

收集审计跟踪的信息，通过列举被记录的安全事件的类别（如对安全要求的明显违反或成功操作的完成），能适应各种不同的需要。已知安全审计的存在可对某些潜在的侵犯安全的攻击源起到威慑作用。

11.4.5　终端安全

加强信息系统终端安全建设和管理应该做到如下几点：

1）突出防范重点

安全建设应把终端安全和各个层面自身的安全放在同等重要的位置。在安全管理方面尤其要突出强化终端安全。终端安全的防范重点包括接入网络计算机本身安全及用户操作行为安全。

2）强化内部审计

对信息系统来说，如果内部审计没有得到重视，就会对安全造成较大的威胁。强化内部审计不但要进行网络级审计，更重要的是对内网用户进行审计。

3）技术和管理并重

在终端安全方面，单纯的技术或管理都不能解决终端安全问题，因为终端安全与每个系统用户相联系。通过加强内部安全管理以提高终端用户的安全意识；通过加强制度建设，规范和约束终端用户的操作行为；通过内部审计软件部署审计规则，对用户终端系统本身和操作行为进行控制和审计，做到状态可监控、过程可跟踪、结果可审计。

11.4.6　数据存储安全

数据存储安全主要包括文件系统安全和数据库的安全，其主要任务是提高数据的容错性及可恢复能力。

数据存储安全与数据库安全是紧密联系的，系统在进行数据库设计时需对系统的数据安全进行充分考虑。同时，在网络环境中，使用完整性敏感标记来确认信息在传送中是否受损，以防止非授权用户修改或破坏敏感信息，确保数据的完整性。

11.5　应用案例 1——预报信息分发系统

11.5.1　系统概述

预报信息分发系统可实现全国直辖市、省会城市和计划单列市 36 个城市环境空气质量预报预警信息交换，通过每日定时对预报指导产品进行分发，有效支撑全国直辖市、省会城市和计划单列市 36 个城市的日常预报业务；同时，36 个城市预报部门通过该系统自行联网填报预报结果，并通过虚拟专用网（VPN）每日定时向中国环境监测总站报送预报信息，实现中国环境监测总站与全国 36 个城市预报预警中心的预报信息交换共享，进而为大气污染防治、应对重污染天气预警应急和公共信息服务提供技术支撑，为日后全国最终建立"国家-区域-省级-城市"多级空气质量预报预警信息交换系统发挥示范带动作用，见图 11-6。

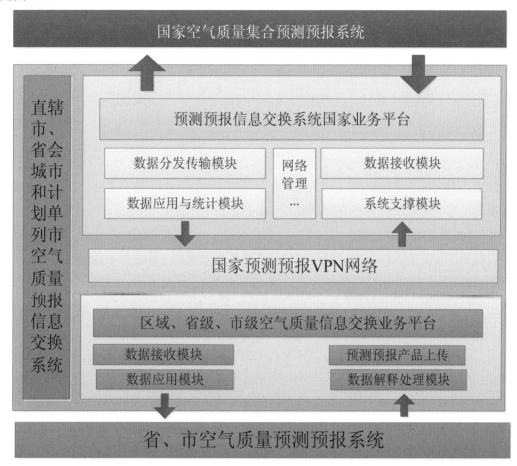

图 11-6　预报信息交换系统架构图

11.5.2　系统中的信息安全应用

为保障预报信息分发系统的信息安全，系统具备了一套与系统自身特点相适应的信息安全保障系统，该信息安全保障系统是集计算机环境安全、通信网络安全、数据存储安全以及安全管理中心于一体的基础支撑系统。它以网络基础设施为依托，为实现各信息系统间的互联互通，整合各种资源，提供信息安全上的有力支撑。信息安全系统的体系架构如图 11-7 所示。

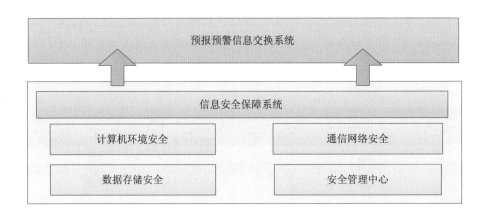

图 11-7　信息安全保障系统架构图

预报信息分发系统的信息安全是保障整个系统安全运行的一整套策略、技术、机制和保障制度，它涵盖系统的许多方面，由多方面因素共同作用。

1）计算机环境安全

计算机环境安全保障实现预报信息分发系统的物理安全。系统服务器运行部署在专业的服务器站房中，专业站房可解决计算机周边环境的防盗、防破坏、防掉电等问题，维持系统工作的适合温度以及湿度，使得计算机及其他硬件系统能长时间不间断、稳定地运行。

2）网络安全

通信网络安全保障实现预报信息分发系统的网络安全。预报信息分发系统的主要业务功能是实现全国预报信息分发，数据分发传输离不开网络，而网络的安全性直接关系到预报信息分发业务本身的安全性。信息分发网络的构建主要采用了 VPN 网络技术以保障其安全性。

3）数据存储安全

文件系统安全方面，预报信息交换系统采用以区域中心为节点的标准化和规范化全网流通设计，预报产品相关文件可在不同区域中心互为备份，当某一区域的预报产品文件损坏或丢失时，可从其他区域中心处恢复。

数据库安全方面，建立了完善的数据备份机制以提升数据库可恢复能力，包括定期的数据库完整备份，以及频率更高的数据库差异备份，备份文件采取"本地-异地"联合备份存放的模式，当数据库因损坏等原因而需要从备份文件还原时，可优先从本地备份文件恢复，以争取最快的恢复时间，如本地服务器故障或损坏导致本地数据库备份文件遭到破坏，则可从异地服务器读取备份文件再进行数据库恢复。

4）安全管理中心

安全管理中心为预报信息分发系统制定了一系列有效的安全管理制度。安全管理贯穿于安全防范体系的始终。必须制订一系列安全管理制度，对安全技术和安全设施进行管理。实现安全管理必须遵循可操作、全局性、动态性、管理与技术的有机结合、责权分明、分权制约及安全管理的制度化等原则，使系统管理与安全管理相结合。明确了以系统管理员为核心的各级管理员的职责，并根据日常的安全管理工作情况去优化网络安全体系，从而保证了整个网络安全体系的动态性和有效性。

11.6　应用案例2——四川省预报信息安全系统

11.6.1　系统概述

四川省预报信息安全系统按照《信息系统安全等级保护基本要求》的三级要求建设，设置严格的安全等级，系统多层安全防御，包括数据库安全、应用服务安全、Web 服务安全和运行安全等，同时，要确保密级数据的保密性。在系统数据基于网络发布时，重视对网络数据传输的加密，采用成熟、可靠、标准的网络加密协议，实现网络传输过程中用户信息和数据信息的保密。四川省预报信息安全系统是一个由策略、防护、检测和响应组成的完整安全体系，从而最大限度地保护信息不受诸多威胁的侵犯，确保连续性，将损失和风险降低到最小程度。

11.6.2　系统中的信息安全应用

四川省预报信息安全系统采取整体安防措施，主要分为技术要求与管理要求两个部分。

1）技术要求

技术要求包括物理安全、网络安全、主机安全、应用安全和数据安全 5 个层面。

（1）物理安全：主要是针对预报高性能服务器与服务平台所部署的机房和场地的相关要求。包括：机房场地的选择、机房或重要区域的物理访问控制、防盗窃和防破坏、防雷击、防火、防水和防潮、防静电、温湿度控制、电力供应和电磁防护等。

（2）网络安全：主要是针对预报高性能服务器与服务平台的网络设备、带宽和网络安全域的相关安全要求。包括网络安全结构、不同安全域间的访问控制、网络安全审计、边界完整性检查、网络入侵防范和恶意代码防范、网络设备防护等。

（3）主机安全：主要是针对预报高性能服务器群主机系统（操作系统、数据库系统）和重要资源的相关安全要求。包括用户身份鉴别、操作访问控制、安全审计、剩余信息保护、主机入侵防范和恶意代码防范、资源控制等。

（4）应用安全：主要是针对预报高性能服务器应用软件系统的相关安全要求。包括用户身份鉴别、操作访问控制、安全审计、剩余信息保护、通信完整性和保密性、抗抵赖、软件容错、资源控制等。

（5）数据安全：主要是针对预报高性能服务器系统中数据的存储和传输的完整性和保密性要求。包括数据完整性、数据保密性、数据的备份和恢复等。

2）管理要求

管理要求包括安全管理制度、安全管理机构、人员安全管理、系统建设管理和系统运维管理 5 个方面。

（1）安全管理制度：包括安全策略、安全制度、操作规程等的管理制度；管理制度的制定和发布；管理制度的评审和修订。

（2）安全管理机构：包括职能部门岗位设置；系统管理员、网络管理员、安全管理员的人员配备；授权和审批；管理人员、内部机构和职能部门间的沟通和合作；定期的安全审核和安全检查。

（3）人员安全管理：包括人员录用、人员离岗、人员考核、安全意识教育和培训、外部人员访问管理。

（4）系统建设管理：包括系统定级、安全方案设计、产品采购和使用、自行软件开发、外包软件开发、工程实施、测试验收、系统交付、系统备案、等级测评、安全服务商选择。

（5）系统运维管理：包括机房环境管理、信息资产管理、介质管理、设备管理、监控管理和安全管理中心、网络安全管理、系统安全管理、恶意代码防范管理、密码管理、变更管理、备份与恢复管理、安全事件处置、应急预案管理。

第二篇

资料应用篇

第 12 章　源排放清单处理和可视化展示技术

随着社会经济的发展、产业结构的调整与升级，大气人为污染源的活动水平是处于不断更新的状态。同时，统计工作与科学研究的向前发展，使得社会环境年鉴等报告的统计方法、污染物排放因子、时空和物种的分配等信息都能得到不断的完善。大气污染源排放清单是空气质量数值模型的必要输入，及时地更新大气污染源排放清单，对于提高模型预报的准确性、推进大气污染预警联动工作以及支撑环境空气质量管控和决策具有重要意义。因此，建立数值模型源排放清单的动态更新机制是环境管理部门的一项重要的基础工作。

源排放清单是空气质量预报预警系统的重要基础数据，同时也是空气质量模型预报结果不确定性的重要来源。通过文献、年鉴、报告和调研等方式收集到的原始数据，需要通过源排放清单处理系统的处理得到时空和物种分配后的源排放清单，才能用于空气质量数值预报。因此，源排放清单处理方法和质量控制的重要性不言而喻。然而，目前各地建成的环境空气数值预报系统所用的源清单大多是预先一次性处理生成的静态数据，业务人员难以进行校验和更新，急需建立一套可由业务人员通过简单快速操作实现动态更新的源清单处理系统。同时，可视化的源排放清单使得预报员能够更加直观、清晰、及时地了解大气污染物排放的时空变化特征，为预报员预测与诊断空气质量变化趋势提供重要的依据。

12.1　源排放清单处理系统

源排放清单处理系统是连接大气污染物排放清单与环境空气质量预报预警系统的核心纽带。源排放清单处理系统的主要输入是大气污染物排放量、排放源的活动水平、时空分配因子、排放因子以及气象场等数据，它考虑了气象因素对排放源的影响，能够生成逐时、网格化、物种化的空气质量模型输入清单，其基本组成结构如图 12-1 所示。

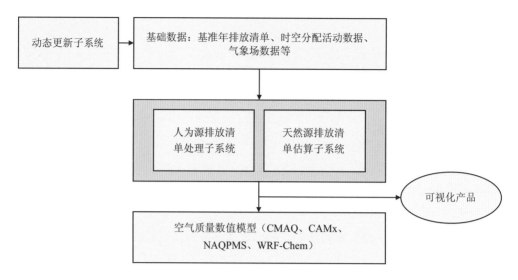

图 12-1　源排放清单处理系统的主要架构

12.1.1　基础数据子系统

　　源排放清单处理系统的基础数据包括基准年大气污染物排放清单、污染物排放时空变化特征数据、污染物化学物种分配数据、气象场数据等。

　　大气污染物排放清单是指在某行政区域内某一时间段内大气污染物的排放量。污染物排放时空变化特征数据主要是用来表征污染物的排放量与时间、空间地理位置的关系。时间变化特征数据通过采用实时监测数据或表征参数，它是污染物年排放量逐步分解成月、日及小时排放量的依据。空间变化特征数据指在污染源的地理空间分布的参考数据，主要包括人口密度分布数据、土地利用分类数据、道路网数据等，可通过国家统计局、地方信息统计单位获取。化学物种分配数据基于空气质量模型采用的化学机理，由污染物化学成分谱转化而来。气象场数据一般由中尺度气象预报模型 MM5 或 WRF 计算生成。

12.1.2　人为源排放清单处理子系统

　　人为源排放清单处理系统的主要作用是将人为源污染物年度排放量数据处理成符合空气质量模型输入需要的清单。SMOKE 是目前主流的源排放清单处理模型。SMOKE 将人为排放源分成点源、面源和移动源 3 类，对于不同的排放源类别采用不同的处理方式。其中，对于点源和面源，SMOKE 的核心模块是时间分配处理模块、空间分配处理模块和物种分配模块，对于点源，SMOKE 还包括重要点源选择模块和点源烟气抬升计算模块等。

12.1.3　天然源排放清单处理子系统

植被等向大气中排放了大量的天然源 VOCs。耦合天然源排放有助于提升空气质量模型的准确性,特别是臭氧的模拟和预报能力。常见的天然源估算模型包括 MEGAN 和 BEIS。其中,MEGAN 模型已被成功地用于多个区域空气质量模型和全球空气质量模型进行耦合,实现天然源排放的在线估算,并取得了良好的效果。MEGAN 模型的输入包括网格化的植被分布类型、叶面积指数、排放因子和气象场数据,可以输出符合 CB05、SAPRC99、RACM 等 9 种常用的大气化学机制要求的网格化天然源 VOCs 排放清单。

12.2　源排放清单动态更新

源排放清单的更新工作可以分为清单局部更新和基准年清单更新,更新的数据类型一般包括污染物排放量、时空分布数据、化学物种分配数据等。清单局部更新是针对基准年排放清单进行局部修正,经源排放清单处理模型处理后进行质量控制和验证,导入到预报业务系统中。基准年清单更新与源排放清单建立类似,在原有清单的基础上对目标区域的排放活动水平数据、污染物排放因子、污染物类型、估算方法进行研究,形成更新后的完整排放清单,经源排放清单处理模型处理好进行质量控制和验证,最后导入到预报业务系统中。排放清单动态更新的工作流程如图 12-2 所示。

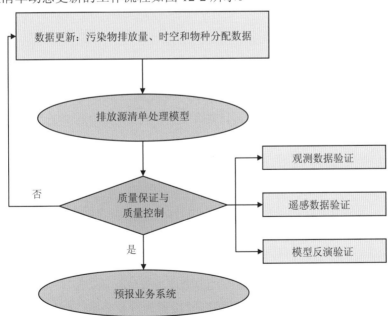

图 12-2　排放清单动态更新子系统工作流程

排放源动态更新模块可以以 Oracle、MySQL 等数据库为基础，使用 Java、JavaScript、HTML 等网页编程语言将源排放清单数据进行可视化管理，如图 12-3（a）所示，通过网页和数据窗格展示和管理基准年排放清单，实现直接便利的排放清单快速更新。源排放清单局部更新是基于排放源类别、行政区域以及点源信息等实现对排放量修改，如图 12-3（b）所示，源排放清单可以通过数据表格、统计图表以及 GIS 技术等可视化方法，实现对源排放清单的展示和局部更新操作。

此外，源排放清单动态更新可以接入实时更新的动态化污染源排放特征数据，例如，工业点源的排放连续监测数据（CEMs）、船舶自动识别系统（AIS）和动态交通流数据等。

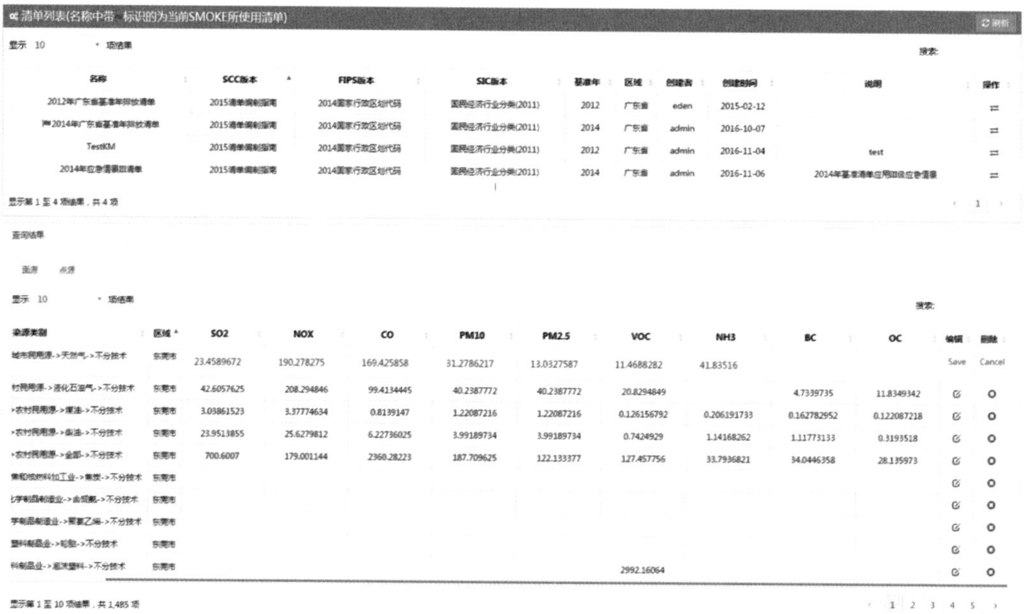

图 12-3　源排放清单动态更新可视化界面示例图

12.3　源排放清单可视化

源排放清单可视化是对源排放清单处理业务系统的输出清单（即空气质量模型的输入清单）进行转化，以 GIS 作为基础分析平台，使用 Web 服务直观、清晰地展现各排放行业污染物排放清单的时空变化特征，为预报员诊断空气质量预报结果提供重要的数据支持。源排放清单的可视化一般包括逐时空间分布图、排放行业贡献率统计图、污染物排放量变化趋势图和污染物排放量实时统计图等。排放源的行业分类一般包括农业源、工业源、交通源、电厂源、民用源、天然源和其他源等，展示的污染物一般包括 SO_2、NO_x、CO、PM_{10}、$PM_{2.5}$、$VOCs$、NH_3 等。

12.3.1　逐时空间分布图

GIS 是空间地图可视化的一项关键技术，以 GIS 为基础，对源排放清单格点数据进行转换，实现污染物网格化排放清单的动态可视化展示。逐时空间分布图可以用格点填色的方式，按照小时、排放源行业分类、污染物种类来展示污染物的排放量。

12.3.2　排放源贡献率统计图

分析不同大气污染物的排放源贡献率是识别重点排放源的重要手段，也是设计和制定污染物减排情景和重污染应急预案的重要依据和参考。排放源的贡献率可以按照排放源的行业分类，用饼图等方式进行展示。

12.3.3　污染物排放量变化趋势图

污染物排放量变化趋势是污染源排放时间变化特征的重要体现。通过可视化技术展示各污染源的时间变化特征，有助于研究大气污染的形成机理、预测大气污染并为开展相应的污染源控制措施提供依据。变化趋势图可以采用折线图、柱状图等方式，按照排放源行业分类、污染物种类、城市或区域来展示污染物的排放量。

12.3.4　污染物排放量实时统计图

污染物排放量是识别污染物一次排放特征的重要指标，通过展示不同地区污染物的排放量，有助于环境管理者制定针对研究区域的污染物排放总量控制方案。排放量统计图按照不同的时间尺度对各城市、区域进行分污染物种类的排放量统计，可以用数据表或者柱状图、折线图方式进行展示，见图 12-4。

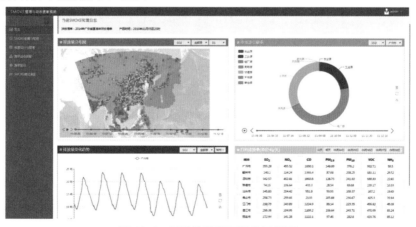

图 12-4　源排放清单可视化示例图

第 13 章　常规监测信息资料应用与设计

13.1　常规空气质量监测网概况

从 20 世纪 80 年代开始，以重点城市的地方监测站为基础，经过不断发展壮大，逐渐形成国家城市空气质量监测网络。早期的监测网络以手工监测为主，20 世纪 90 年代开始，各城市加大了空气质量自动监测系统的建设力度，监测项目主要为 SO_2、NO_2 和 PM_{10}，到 2000 年，空气质量监测网涵盖了全国 113 个环保重点城市的 661 个监测点位。

"十二五"期间，历经三期建设，我国城市环境空气质量监测网从原来的 113 个城市的 661 个监测点位扩展到 338 个地级以上城市的 1 436 个监测点位，监测项目也按照《环境空气质量标准》（GB 3095—2012）的最新要求，在原有的 SO_2、NO_2、PM_{10} 的基础上增加了 $PM_{2.5}$、CO 和 O_3 3 项污染物。

除城市空气质量监测网外，"十一五"期间，我国建成了由 31 个区域站组成的区域环境空气质量监测网和由 14 个背景站组成的背景大气监测网，并在"十二五"期间继续增设，到 2017 年年底，共建成区域站 96 个，背景站 16 个。区域和背景空气质量监测网络的建立，将我国环境空气质量监测从单个城市扩大到城市群及周边区域和广阔的背景地区，是对城市环境空气质量监测网的有力补充，形成城市、区域和背景三个层面的空气质量监测系统，使我国环境空气质量监测网络更加立体化和全面化。此外，相对于城市环境空气质量监测点位，区域站和背景站的监测项目有所增加，如针对温室气体、挥发性有机物（VOCs）、碳黑颗粒物和大气颗粒物粒径谱等项目开展长期连续监测。区域站和背景站积累的长时间序列、多种污染物的大量监测数据，为分析区域和背景层面的大气污染物浓度水平、分布状况、变化趋势及区域复合污染奠定了坚实的数据基础，为开展区域空气质量预报预警提供了关键的本底信息。

综上，我国的常规环境空气质量监测网络经历了以手工监测为主向连续自动监测为主的技术发展，经历了城市监测向"城市-区域-背景"协同监测的空间发展，经历了由 SO_2、NO_2、PM_{10} 等 3 项污染物向 SO_2、NO_2、PM_{10}、$PM_{2.5}$、CO 和 O_3 等 6 项污染物的监测项目发展，从而为掌握我国环境空气质量状况和污染特征提供了翔实的数据基础。

13.2 常规监测信息在预报中的重要意义

13.2.1 掌握区域空气污染变化趋势

关注当地及周边区域空气质量实况及其变化，结合天气形势判断分析，可有效把握区域大气污染的生消和变化趋势，是对数值模式结果进行人工客观订正的重要环节，在城市和区域环境空气质量预报过程中起着关键性的作用。此外，通过统计分析不同气象条件下（温度、大气压、湿度、高空和地面天气形势等）城市空气质量历史监测数据，以此总结归纳出有利于或不利于污染物扩散的天气形势，是一种行之有效的空气质量定性预报方法。

尤其在发生区域重污染过程时，"城市-区域-背景"不同层次的大气污染物浓度变化有利于分析判断区域内和区域间大气重污染过程的生成、传输和消散等变化趋势，在影响程度、持续时间和覆盖范围等方面总结规律性经验，为预报人员提供经验参考，并推动区域数值预报模式中污染过程模拟模块的改进。此外，当区域内大气污染源排放量突变时，"城市-区域-背景"多层级监测站的大气污染物浓度会及时响应，有利于预报人员判断污染源排放变化对空气质量发展趋势的影响。

13.2.2 数值预报模式的必要初始场资料

常规的环境空气质量监测数据是数值预报模式必要的初始场资料和输入数据，可为数值预报模式的计算提供环境空气质量的起点状态，从源头上降低模式预报偏差。同时，常规监测资料在数值预报模式的资料同化中能够发挥显著作用，有利于数值预报模式制作再分析资料、订正模式关键误差因子和提高预报准确率。

13.2.3 统计预报模式必要的输入因子

统计预报模型是以统计学方法为基础，利用空气质量历史监测数据和各种相关气象参数，研究大气污染物浓度的变化规律，建立大气污染物浓度与气象参数和非气象参数之间的统计模型，以此预测大气污染物浓度。与数值模式预报方法相比，统计模式是一种成本低、易于操作、简单实用的城市空气质量预报方法。

统计预报方法的建立，必须要提供足够量的空气质量和气象参数历史观测数据，一般应至少具备 1 年的历史观测资料。其中，空气质量观测数据指 $PM_{2.5}$、SO_2 等大气污染物浓度监测结果，气象条件指风速、风向、温度、相对湿度、压力和降水等气象参数，非气象参数指季节、工作日和周末、节假日等参数。基于这些历史资料建立并不断优化的多元线性回归方程，即为最常用的统计预报方法。

13.2.4　促进区域污染源解析和追因技术研究

"城市-区域-背景"多层级的常规环境空气质量监测信息是开展区域复合型大气污染源解析和追因技术研究的关键本底信息。在发生区域大气重污染过程时，除城市站有明显的污染响应外，处于污染物传输路径下游的区域站和背景站对重污染的反应更为灵敏。综合分析区域气象场资料、"城市-区域-背景"监测浓度变化趋势以及站点的空间位置，可有效筛选导致区域大气重污染过程的主要污染源，判断各类污染源的贡献程度，并以此为基础分析未来大气污染物迁移扩散路径及对沿途区域的影响程度，为管理部门建立重污染应急预案和采取防控措施提供参考建议。

13.3　常规监测信息在预报中的应用

"城市-区域-背景"多层级的常规环境空气质量监测信息在空气质量预报中使用时应有所侧重。城市监测信息可主要用于城市环境空气质量预报以及城市预报模式的评估和改进；区域和背景监测信息应主要应用于跨区域的大气污染过程模拟、污染来源解析和去向追踪。多层级常规监测信息综合应用和分析，可为区域大气污染过程模拟提供关键的污染特征和规律分析数据基础。

第14章 超级站信息与共享

近年来，城市群大气复合污染突出，发展迅速。空气污染态势呈现"三高一严重"状况，即 O_3 浓度水平高、$PM_{2.5}$ 浓度水平高、降水酸度频率高、区域性灰霾形势严重。具体表现为：时间和空间上的高度压缩；一次污染与二次污染共存、相互耦合；城市之间相互输送、影响和叠加；复合型酸雨的酸度和频率居高不下；灰霾引起的大气能见度降低、光化学烟雾引起的大气氧化性增强；大气污染以城市为中心并呈向区域蔓延态势。

但是现有的空气质量监测网络，监测要素少，且主要集中在城市地区，不能够充分反映区域和背景大气污染物的浓度水平和时空变化规律，且在面对严重的区域大气复合污染问题时，缺少对大气复合污染的核心污染物 O_3 和 $PM_{2.5}$ 长期的连续在线数据。

因此，需要构建大气监测超级站联网，实现对城市群的大气污染全要素进行实时监测，建立信息资料共享机制，实现超级站与常规监测站的监测数据互联互通，为大气复合型污染的源解析和溯源追踪提供数据支撑，并通过基于观测结果的模型计算提供空气质量预测预报模型，提出相应的政策控制方针，确定控制目标和预期成效并进行反馈，从而形成一个能力梯度合理、功能结构齐全、覆盖面广的立体监测网络。

14.1 超级站仪器配置基本原则

超级站的仪器配置主要依据超级站的功能定位，兼顾实用性和经济性等因素来进行，同时使超级站在功能上具有较强的可扩展性。确定超级站仪器和监测项目，需对国内外典型监测网络深入调研和比较分析，在借鉴、利用国际经验和我国现有常规空气质量监测网络的基础上，充分考虑超级站建设的目的，综合考虑以下因素：对各类监测子站的功能、站点的可行性、仪器的性能、系统的一致性、效率进行评估；根据区域大气复合监测网络的监测目的，确定功能子站主要的监测参数；对现有技术和项目开发的技术进行系统比对和验证，确定主要监测技术的功能特征、技术指标和技术适用性，解决存在的技术缺陷，提出监测网络运行的技术方案。

1）配置规模必须满足国家空气质量标准要求，并合理增加参照项目。如对 CO、SO_2、NO_x、O_3、$PM_{2.5}$、PM_{10} 常规六参数进行监测外，还对 CH_4、非甲烷总烃和 PM_1 进行长期的测量。

2）配置仪器应满足开展区域灰霾研究的需要。如不仅长期监测有关气象参数、能见度和颗粒物质量浓度，对颗粒物物理、光学和化学特征也进行长期高时间分辨率的观测。

3）配置仪器应满足开展大气光化学研究的需求。如除观测 O_3 外，还对光化学反应重要产物过氧乙酰基硝酸酯（PANs）、HNO_3 和光化学重要前体物挥发性有机化合物、HNO_2 进行分物种的高时间分辨率测量，并实时观测有关物种的光解速率。

4）配置适当的仪器对生态和健康效应显著的物种进行长期测定。如对气态汞和颗粒态重金属等有毒有害的物种进行测量。

5）应具有开展温室气体和酸沉降等大气方面有关研究的能力。如监测 CH_4、CO_2 和 BC（黑碳）等温室效应显著的物种；采集降水样品，并对致酸物种和中和酸的碱性物种进行测量。

6）集成国内先进的与国际接轨的采样与分析技术。如配置先进的气态污染物和颗粒物采样总管；选用性能优良、国际认可度较高的分析技术和方法。

为满足大气污染源解析和溯源追踪工作的开展，分析大气复合污染的成因、大气污染物输送和转化过程，大气监测超级站通常考虑实现以下多项监测指标的监测功能，列举部分监测项目及对应方法原理如表 14-1 所示。

表 14-1 超级站监测项目及其监测原理

监测项目	监测方法
SO_2	紫外脉冲荧光法
NO_x	化学发光法
CO	红外相关法
O_3	紫外吸收法
PM_{10}	微量振荡天平法
$PM_{2.5}$	微量振荡天平法
NO_y	化学发光法
CH_4/NMHC	GC-FID 法
VOCs	GC-FID/MS
能见度	光学法
碳黑	光吸收法
臭氧探空	光学法
激光雷达	散射法
H_2O_2	HPLC-CIMS/紫外荧光分析
气态 HNO_3	扩散管法

监测项目	监测方法
羰基化合物（OVOC）	GC-MS
UV 辐射	吸收法
光解常数 J（NO_2）	光谱法
$PM_{2.5}$/PM_{10} 采样	膜采样、化学分析
EC/OC	热光透射法
$PM_{2.5}$ 化学组成	IC、ECOC、GC-MS
颗粒物粒径分布	电迁移、光学法
气象要素	—

14.2　超级站联网关键技术

超级站关键集成技术包括智能接口技术、数据采集技术、通讯与远程质控技术和质量控制技术。

14.2.1　智能接口技术

接口技术是使计算机能够通过各种可择用的信号交互通道，连接监测仪器、设备、站房设施等（连接对象）进行集约测控的技术。此处提出的智能接口技术，是使计算机能够以"面向任务"方法、"即接即用"方式引用这些连接对象（包括现有和将有）的成套软、硬件技术。解决大气复合污染监测网络由多种品牌型号、多种原理、多种接口仪器设备构成对创新自动化技术的需求。

智能接口技术主要研发内容、框架流程如图 14-1 所示。

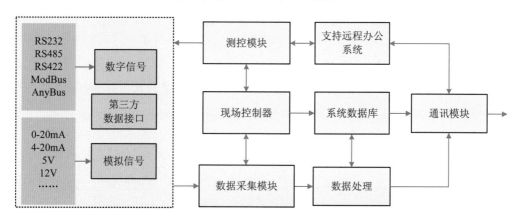

图 14-1　智能接口技术主要研发内容、框架流程图

主要包括：

1）监测仪器、设备、站房设施等，与计算机外部通讯接口（如以太网、串行口、并行口、总线槽等）连接的各种适配器件、装置的研制、应用技术。

2）研发基于计算机对话行为原理和面向任务方法构建专门的机器会话语言规约——"脚本语言"。

3）按照这些语言规约编写、收录、解释、执行机器会话语句的计算机程序技术。

4）设计测站计算机系统软件中智能接口会话服务模块。

5）研发以总线、级联、共享等模式连接仪器设备的软、硬件应用技术。

6）设计智能接口技术的示范性仿真应用测站。

7）实际应用于建造、升级大气复合污染监测网络各测站。

14.2.2　数据采集技术

利用智能接口技术，编写数据采集程序，对模拟量到数字量转换的进行控制，实现稳定、高精度的转化、精度要求高于仪器的灵敏度和输出精度；做到可选择的数据采集频率、数据格式、所存储的数据类型，以及最后的数据输出格式。数据接入的类型包括模拟量、串口/网口、第三方软件输出文档等。

14.2.3　远程通讯和控制技术

环境污染物的自动监测系统，基于 TCP/IP 以太网的有线或无线通讯环境，包括作为网络服务器的管理方计算机、授权办公计算机、站点计算机，以及与站点计算机连接的监测仪器设备，其中：所述管理方计算机内设置有作为数据库服务器和用来接收、处理站点计算机上传的监测数据记录，以及用来向站点计算机转发任务指令的服务器端软件程序；所述授权办公计算机内设置有浏览检查数据库服务器中的数据记录和分析判别数据质量保证、控制成效，以及向管理方计算机提交需要向站点计算机发送的任务指令的软件程序；所述站点计算机内设置有进行采集各监测项目的数据、标识，并生成本地数据库记录和按照向上备份规则向管理方计算机上传这些记录，以及按照所接收到的任务指令或例行任务预订编排或手动调用任务测控仪器设备的软件程序；所述监测仪器设备用来向站点计算机提供所需要的污染物和背景参数的监测数据。

远程遥控方法——按照任务集提供的进行监测数据质量保证和质量控制的任务，由授权办公计算机在选定站点、监测项目、任务和调用方式后，将足够的信息上传给数据库服务器，由服务器端的软件程序利用其与被控站点之间为监测数据传输建立的通讯通道将这些信息转发下去，站点计算机接收到这些信息后，从其拥有的用脚本语言编写的可执行任务记录中查找到该任务的记录，按照控制方要求的调用方式执行该任务，完成控制方要求的对相关仪器设备的测控,见图 14-2。

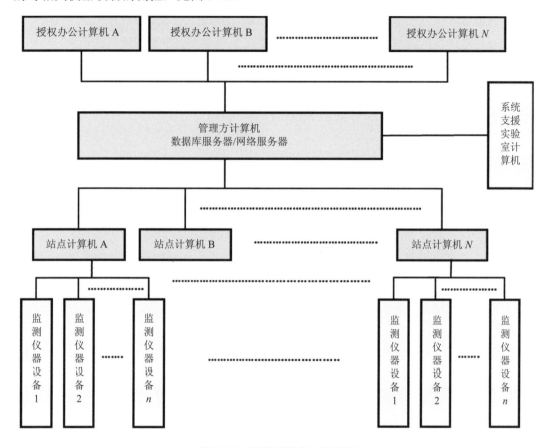

图 14-2 远程遥控方法原理图

向上备份方法——在每个自动监测站点,包括系统支援实验室,使用站点现场的本地计算机,频繁定时采集各种分析仪器和测量仪表提供的各污染物浓度和需要的背景参数,完整地记录下来,并通过指定的通讯设备与管理方计算机进行数据、信息交换,为其数据库服务器提供监测数据记录。

上述向上备份方法具体包括如下步骤:

1)自动监测站点和系统支援实验室计算机的软件程序,保证每次仅向数据库服务器发送一条监测数据记录,而每次发送之间必须保持足够的时间间隔;

2)服务器端的软件程序对接收到的、需要永久保存的每一条监测数据记录,必须向提供记录的站点发送作为"回条"以表示收到该记录的信息。

(1)站点计算机的软件程序,对发送后超过制定时间还没有接收到数据库服务器"回条"的需要永久保存的监测数据记录进行补发;

(2)使用脚本语言编辑、记录任务指令,使站点计算机能够调用、解释、执行这些任务指令记录；

（3）通过管理方计算机或授权办公计算机发送任务指令至站点计算机；

（4）站点计算机接收上述任务指令，并按照任务指令用脚本语言编写的记录，将相应形式的测控信号发送至相关监测仪器设备；

（5）监测仪器设备响应上述测控信号，将其获得的有关数据发送回站点计算机；

（6）站点计算机将上述数据发送回管理方计算机。

14.2.4 质量控制技术

数据质量保证和质量控制体系要求定期进行的，以考察数据质量和维护水平的任务；根据所执行的质量保证和质量控制标准规范确定在站点计算机内设置例行任务，定期自动完成监测数据质量保证、质量控制要求的检查、校验仪器设备性能的测控操作；授权办公计算机可以在任何时候对自动站点计算机进行远程操作，完成监测数据质量保证、质量控制要求的检查、校验仪器设备性能的测控和操作；所有的仪器工作状态、参数、数据结果（包括常规的检查标定、定期的维护标定）通过站点计算机记录，并且做到及时的向上备份。

14.2.5 超级站数据传输

通常，数据传输的数据结构有三种：XML、JSON（Java Script Object Notation）和自定义二进制格式，XML 依赖 Schema 技术支持，可扩展性良好，且是在任何平台上都成熟稳定的访问库，因此推荐使用 TCP/IP 协议簇和 XML 及其 Schema 技术。

14.2.6 标准化数据传输入口

1）标准化的 XML 文档格式

依据数据标准体系，接收按照标准生成的 XML 文件。XML 是一种由规范定义的元语言，XML 标记语言定义了一套用来组织和描述文本的标记（tag）。建立 XML 文件，除了易于建立和易于分析外，主要的优点在于它既是与平台无关的，又是与厂商无关的。

2）遵循 Web Service 的标准开发规范

Web Service 是一种新的 Web 应用程序分支，它们是自包含、自描述、模块化的应用，可以发布、定位、通过 Web 调用。Web Service 可以执行从简单的请求到复杂商务处理的任何功能。一旦部署以后，其他 Web Service 应用程序可以发现并调用它部署的服务。

3）SOAP 协议规范

SOAP 消息是一种 XML 文档，它有自己的 XML 模式、命名空间和处理规则。目前的版本是 SOAP 1.2。使用 SOAP 的主要目标是简单性和可扩展性。

SOAP 以 XML 形式提供了一个简单、轻量的用于在分散或分布环境中交换结构化和类型信息的机制。SOAP 本身并没有定义任何应用程序语义，如编程模型或特定语义的实现；实际上它通过提供一个有标准组件的包模型和在模块中编码数据的机制，定义了一个简单的表示应用程序语义的机制。这使 SOAP 能够被用于从消息传递到 RPC 的各种系统。

14.2.7 数据定义

根据自动数据的更新时间，将数据分为以下三类：

14.2.7.1 基础数据

基础数据是指监测点位、监测因子等数据，基础数据的统一是数据能够正确交换的前提。大气监测点位的编号、监测因子等信息由中心节点的信息管理部门确定并同步到数据源节点。在传输中采用统一的数据单位，以便于对比和统计。基础数据具体包括以下内容：

1）监测点位基础数据

监控站名称、地区 ID、监控站 ID、监控站经纬度、类别、地址、联系人姓名、联系人电话、联系人手机、联系人地址、联系人邮编、联系人邮箱、联系人传真、经纬度、运营商、运营商负责人、运营商负责人电话。

2）监测因子基础数据

SO_2、NO_2、NO_y、CO、CO_2、O_3、PM_{10}、$PM_{2.5}$、NH_3、HNO_3、HONO、EC/OC、能见度、碳黑、羰基化合物、UV 辐射、J（NO_2）、OVOC、气象要素、车流量、车型、车速、在线 VOCs、醛类、$PM_{2.5}$ 化学组成、PAN、颗粒物数浓度、光吸收、散射气溶胶光学厚度、臭氧探空气溶胶垂直廓线、逆温层及风廓线等。

14.2.7.2 实时数据

实时数据是反映监测点位即时状态的数据，包括最新的监测值、仪器状态、网络状态等。实时数据对时效性要求较高，要求现场监测点位的数据和状态能够第一时间反映到监控中心，在仪器设备和网络线路正常的条件下，根据数据的时间分辨率，实时向监控中心发送数据，以保证监控中心能够掌握子站的最新数据。

14.2.7.3 历史数据

历史数据是保存监测点位所有状态的数据，包括每次监测的时间、监测值、仪器状态、网络状态等。历史数据对存储、准确性要求较高，要求数据是经过审核的，并剔除掉无效的数据。历史数据会以每 1 分钟、5 分钟、60 分钟一次的形式，保存在监控中心后做统计分析，并且可以与其他的业务系统做数据交换。历史数据要求永久保存。

14.2.8 数据报送与补足

1）数据报送方式

数据由数据源节点主动报送到中心节点。例如，市局自动上传自动监控信息到省局；或现场监测仪器运营商主动上传自动监控信息到监控中心。

实时数据和历史数据都采用主动报送的方式由数据源节点主动报送到中心节点。

2）数据补足方式

中心节点向数据源节点发出补足的要求，再由数据源节点向中心节点报送相应的数据。例如，省局要求市局上传指定的自动监控信息，市局上传；或监控中心要求现场监测仪器运营商上传指定的自动监控信息，现场监测仪器运营商上传。

中心节点会定期扫描缺失的历史数据，并要求数据源节点补足。

14.2.9 数据完整性保证

1）使用消息队列处理并发数据

利用消息队列，可以通过发送和接收消息方便地与应用程序进行快速可靠的通信，提供了有保障的消息传递和执行许多业务处理的可靠的防故障方法。

2）序列化与反序列化

一种是把 XML 标签内容转换为字节序列的过程称为对象的序列化，另一种是把字节序列恢复为 XML 标签内容的过程称为对象的反序列化。

对象的序列化主要有两种用途：1）把对象的字节序列永久地保存到硬盘上，通常存放在一个文件中；2）在网络上传送对象的字节序列。

3）分布式并行结构

分布式部署服务器，将应用服务、数据入口服务、数据库服务、数据仓库服务可分别部署于不同的服务器上也可以部署在同一台服务器上，从而确保性能以及可扩展性。

并行数据库系统充分发挥并行计算机的优势，利用系统中的各个处理机节点并行完成数据库任务，提高数据库系统的整体性能。

4）自动补足

为了确保数据的完整性，数据入口每天会对基础数据中所有监测因子进行扫描，如果检测到有数据缺失，就会发送自动补足指令给数据上报服务器，要求重新报送该时段的监测数据。

5）手工补足

如果由于网络问题或者其他原因，自动补足机制仍有可能无法确保数据完整时，可通过人工发送补足指令给上报服务器，要求重新报送某一时段的监测数据。

14.3 超级站数据共享

14.3.1 共享要求

超级站数据信息共享的基本要求包括：数据的统一性、数据的一致性、数据的安全（保密）性等，要求数据使用方签署保密协议，按照双方约定的范围内使用，由于不同的用户对超级站信息共享的要求各不相同，但时效性是很关键的因素。

14.3.2 共享数据类型

1）实时数据共享

超级站实时数据共享可以在超级站层面实现，也可在中心站平台实现。

通过权限分配，Web 直接访问超级站具备权限的数据信息部分，达到实时监控超级站的实时运行情况；

通过物联协议实时与第三方系统对接，双方约定哪些信息供其实时对接，如报警量和诊断量等，可以定制超级站的各种不同的信息。

中心站平台实现实时数据共享：通过中心站实时通信服务器提供实时数据共享，可以定制超级站各种不同的实时数据信息。

2）历史数据共享

超级站历史数据的共享可以在超级站服务器实现，也可以在中心站的超级站综合数据库实现。历史数据除了监测并存储的各种仪器生产的数据外，还包括按规范生成的各种均值数据、评价数据、统计数据及比较数据等。

14.3.3 共享方式

1）数据库方式共享

一般用于同网访问，安全性好，通过视图以及数据库权限分配的方式提供数据共享，适用于同一个局域网内的相关应用，这种方式使得数据的传输更方便、快捷，需要特别注意数据库密码的保密，并设置较为复杂的访问密码。

2）文件方式共享

该方式可以实现跨平台的数据共享，数据以附件方式提供数据共享，文件一般为 xls、cvs、xml 等格式，适用于临时性数据共享，每次提供数据时都需要人为操作，通过邮件等方式进行传输。

3）接口方式共享

超级站数据可以通过 Web Service 方式提供数据共享，能使得运行在不同机器上的不同应用无须借助附加的、专门的第三方软件或硬件，就可获取相应数据进行集成和应用，为环保相关部门及第三方应用提供可靠的数据支持。它适用于跨防火墙、跨平台应用程序集成、B2B 集成以及软件重用等方面，不适合单击应用程序、局域网上的同构应用程序。为确保数据的安全性，需要严格控制访问及通信安全，对信息进行加密。

第 15 章　超级站快速污染源解析信息的预报应用

　　超级站数据具有时间分辨率高、监测项目多的特点，可用于短期污染的快速来源解析，在此基础上，能够为快速制定并实施相应的应急措施提供技术支持，最大程度地减小由于污染带来的损失。

　　基于不同大气污染源的特征元素或特征化学组分的指示性，可以对重污染类型进行快速识别，主要包括：农业收获季节的秸秆燃烧污染、春节期间的烟花鞭炮燃放污染、北方沙尘暴导致的颗粒物污染等类型。在这些污染过程中，均有指示性明显的特征元素或特征化学组分。

15.1　快速源解析模型选择

　　源解析模型的选择依据之一，需要根据数据值的多少进行确定。通常情况下，CMB、PMF、PCA 等源解析模型所要求的数据组不同。其中：CMB 至少需要 30 组数据，PMF和 PCA 模型解析至少需要 60 组数据，否则得到的源解析结果不可靠。各超级站通常情况下，均能提供模型解析所需要的数据组或数据对。根据需要，可以开展典型污染天气事件的快速源解析并依据源解析结果进行预报。

15.2　快速源解析系统架构

　　基于受体模型 PMF，建立大气颗粒物在线来源解析和臭氧在线来源解析系统，主要包括数据采集、数据库建立、数据审核、化学组成重构、模型计算、来源识别、查询统计、数据导出等。从流程上讲，颗粒物源解析和臭氧源解析流程大致相当，图 15-1 以颗粒物在线来源解析系统开发流程为例，将主要流程作一表达。

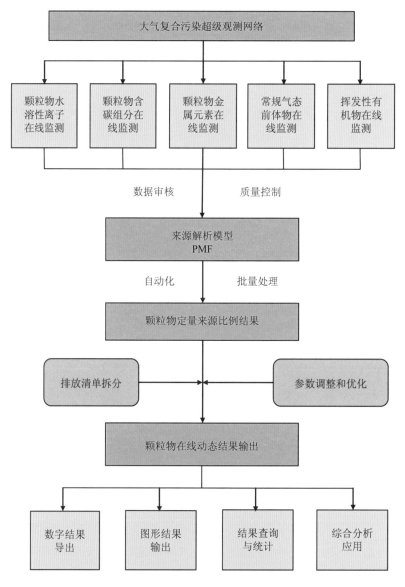

图 15-1 颗粒物在线来源解析系统开发流程示意图

15.3 大气颗粒物的快速源解析

基于超级站的监测数据,利用 PM$_{2.5}$ 和 PM$_1$ 化学组成在线监测数据和受体模型 PMF(正矩阵因子分解模型),自动地、快速地解析出 PM$_{2.5}$ 和 PM$_1$ 的来源,为管理部门进行污染预警和控制提供技术支撑。

15.3.1　PM$_{2.5}$的化学组成与重构

1）PM$_{2.5}$化学组成数据为超级站、区域站和背景站等功能性站位监测数据，主要包括PM$_{2.5}$质量浓度、水溶性离子、元素、元素碳和有机碳浓度等。

（1）PM$_{2.5}$质量浓度：单位体积所含PM$_{2.5}$的质量。

（2）水溶性离子：阴离子有Cl$^-$、NO$_3^-$、SO$_4^{2-}$，阳离子有Na$^+$、NH$_4^+$、K$^+$、Mg^{2+}、Ca^{2+}。

（3）元素：包括钾、钙、钒、锰、铁、镓、砷、硒、镉、锑、铂、金、铅、铬、钴、镍、铜、锌、银、锡、钡、铊、溴等元素。

（4）有机碳和元素碳：包括有机碳OC和元素碳EC。

2）利用PM$_{2.5}$质量浓度和化学组成数据重构PM$_{2.5}$化学组成。

（1）不同仪器相同物种浓度比对，如离子态K$^+$、Ca^{2+}和元素钾、钙，选取其中一组数据较全和准确度较高的监测数据。

（2）剔除大多数时候浓度在仪器检出限以下的物种数据。

（3）将有机碳OC换算成有机物OM（如OM=OC×1.6）。

（4）计算PM$_{2.5}$中未检出物种浓度。

15.3.2　PM$_1$的化学组成与重构

PM$_1$化学组成数据为超级站、区域站和背景站等功能性站位中颗粒物化学组成监测仪ACSM监测数据，原始数据经仪器软件校准并剔除异常值，输出主要物种OM、NO$_3^-$、SO$_4^{2-}$、NH$_4^+$、Cl$^-$浓度，采用软件自带的PMF模块处理，输出各荷质比 m/z 浓度数据（再次确认）。

ACSM测得的OM、NO$_3^-$、SO$_4^{2-}$、NH$_4^+$、Cl$^-$浓度，结合PM$_1$质量浓度和黑碳仪所测BC浓度，构造PM$_1$化学组成。

15.3.3　大气颗粒物快速源解析的应用

基于PMF实现PM$_{2.5}$和PM$_1$来源的在线解析，提供其来源构成，同时还引入气态污染物和气象数据，结合PMF源解析受体模型，得到因子的特征组分。在此基础上，进行 K-均值聚类分析，辅助源类型的识别和帮助挖掘出更多排放源的信息。

以武汉市2013年春节期间的雾霾天气为例进行说明：

通过PMF模型进行春节期间的PM$_{2.5}$来源解析，其中参与解析过程有包括PM$_{2.5}$在内的25种组分。PMF的运行参数及本节研究过程中选取范围如表15-1所示。

表 15-1　PMF 的运行参数及研究过程中的选取范围

项目	取值	项目	取值
P	10%	MDL	
Number of sources	1～9	Seed	Random
R-value	0.6	Block size	20
f_{peak}	0、0.1、0.2、0.3、0.4、0.5		

不确定度 U 的计算公式：$U = 2 \times MDL\ (c \leqslant MDL)$

$$U = \sqrt{(P \times c)^2 + (MDL)^2}\ (c > MDL)$$

式中：MDL 为检测某组分方法的最低检测限，c 为组分的质量浓度。

　　基于 PMF 受体模型，最后确定了 2013 年春节期间引起雾霾天气的 7 个贡献源及各贡献源的源谱和贡献率，分别如图 15-2 和表 15-2 所示。

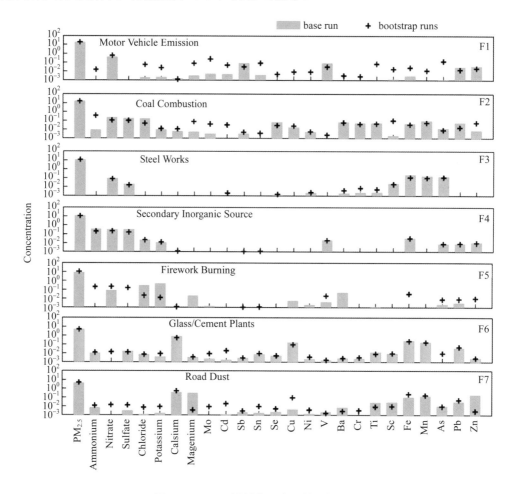

图 15-2　PMF 解析出 7 个贡献源的源谱

表 15-2　PMF 中 Base run 和 Bootstrap run 获取的源贡献率

因子序号	贡献源类型	Base run		Bootstrap run	
		μg/m³	%	μg/m³	%
Factor 1（F1）	机动车尾气源	20.7	25.0	21	26.0
Factor 2（F2）	燃煤源	17.9	21.6	18.2	22.5
Factor 3（F3）	炼钢冶金源	12.8	15.5	11.6	14.4
Factor 4（F4）	二次无机源	12.2	14.8	11.3	14.0
Factor 5（F5）	烟花燃放源	9	10.9	8.6	10.6
Factor 6（F6）	玻璃/水泥工业源	5.4	6.5	5.2	6.4
Factor 7（F7）	道路扬尘源	4.7	5.7	4.9	6.1

在 PMF 源解析基础上进行 K-均值聚类分析，聚类分析的数据包括被解析出贡献源的指示性组分、气体污染物和气象参数等。最后得到 9 个最理想的聚类因子及对应的风玫瑰图，分别如表 15-3 和图 15-3 所示。

表 15-3　K-均值聚类分析获取的 9 个聚类中各项目的中心值

（除风速 WS 单位为 m/s 外，其他污染物的单位均为μg/m³）

聚类类别	燃煤	烟花燃放	机动车尾气	清洁气团	玻璃工业排放	道路扬尘	玻璃/水泥工业排放	清洁气团	冶金排放
聚类序号	1	2	3	4	5	6	7	8	9
WS	0.63	0.86	0.60	3.66	1.10	0.73	1.39	3.55	0.23
SO₂	41	80	37	14	31	31	23	21	38
CO	1 783	2 388	3 126	1 891	2 065	2 303	2 136	1 831	2 729
NO₂	118	62	100	25	36	49	51	25	129
Cl⁻	1.82	3.33	1.75	1.17	1.83	1.70	1.21	1.25	1.20
K⁺	1.49	3.52	1.13	1.28	1.81	1.73	0.76	1.66	0.46
Ca²⁺	0.48	0.28	0.42	0.18	0.66	0.68	0.60	0.33	0.56
Mg²⁺	0.26	0.35	0.24	0.24	0.28	0.55	0.25	0.20	0.45
Pb	*0.51*	0.27	*0.32*	0.10	0.22	0.20	0.23	0.09	0.34
Cr	0.03	0.02	*0.05*	0.03	0.04	0.02	0.01	0.02	0.04
Cd	0.07	0.08	*0.09*	0.06	0.07	0.08	0.06	0.06	0.07
Zn	0.14	0.19	*0.30*	0.09	0.11	0.21	0.10	0.11	0.31
Cu	0.16	0.15	*0.57*	0.17	0.18	0.17	0.12	0.15	0.28
Ni	0.03	0.03	0.02	0.03	0.04	0.03	0.02	0.03	0.04
Fe	1.74	*5.30*	1.26	0.20	3.54	2.11	3.69	0.15	*6.21*
Mn	0.09	0.09	0.08	0.10	*0.12*	0.07	0.04	0.07	*0.12*
Ti	0.10	0.12	0.14	0.10	0.11	0.10	0.12	0.09	0.11
Ba	*0.35*	*0.32*	0.26	0.22	0.23	0.25	0.17	0.19	0.19
As	*0.06*	0.04	0.02	0.04	0.03	0.02	0.02	0.02	0.03
Mo	0.07	0.08	0.08	0.07	0.07	0.08	0.06	0.05	0.06
Sc	0.05	0.07	0.06	0.03	0.04	0.04	0.04	0.03	0.08
Co	0.002	0.003	0.002	0.002	0.003	0.002	0.002	0.003	0.002

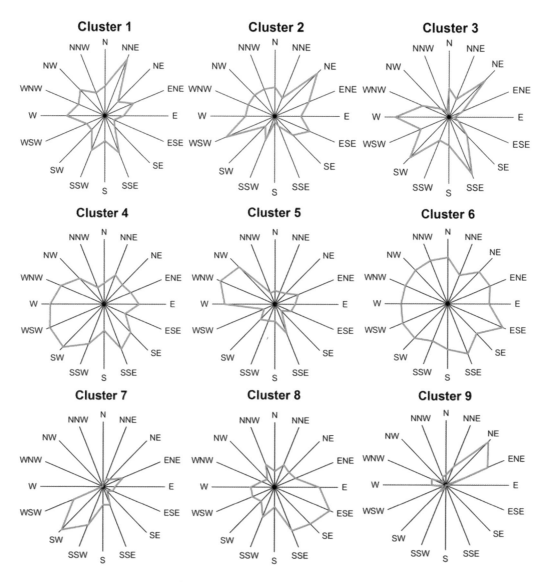

图 15-3　聚类分析获取的 9 个聚类（Cluster）对应的风玫瑰图

结合图 15-2 和图 15-3，以及表 15-2 和表 15-3，判断 PMF 源解析所得 7 个因子在 9 个聚类（Cluster）分析因子中对应的风玫瑰图，从而将因子 F1～F7 中各化学组分主要来源与气象条件结合起来，得出某因子中各组分的主要来源及其贡献率。例如表 15-3 中最高浓度的 CO、Cu 和较高浓度的 NO_2、Zn 均被划入 Cluster 3 中。判定因子 F1 为机动车尾气源。由表 15-2 可知，春节期间机动车尾气的贡献率为 25.0%。

同理，PMF 解析的因子 F2 中的 SO_4^{2-}、NO_3^-、Cl^-、Se、Ba、Cr、Ti、Fe、Mn 和 Pb 浓度偏高，As 的浓度也较高。这与燃煤排放相关。聚类分析将高浓度的 Ti、Ba 和 Pb 与

高浓度的 SO_2、低浓度的 CO 分配到 Cluster 1 中，而且 Cluster 1 中的 Pb 浓度比 Cluster 3 高，表明燃煤源相较于机动车尾气更可能是武汉城区颗粒物中 Pb 的主要来源。基于图 15-2 可知，Cluster 1 的主导风向为 NNE，正好是武汉本地两个最大的燃煤电厂相对于采样点的方位。

由此可见，利用 PMF 受体模型，辅以 *K*-均值聚类分析，可以对短期雾霾天气污染事件进行快速源解析，根据解析结果中污染源的方位，确定较具体的大气污染物排放源，开展污染物来源预报并提出相应的污染防治措施。

15.4　大气挥发性有机物快速源解析

基于超级站的监测数据，利用 VOCs 化学组成在线监测数据和 O_3、NO、NO_2、NO_y、PAN、$J_{(NO_2)}$ 等数据实时分析光化学污染特征及成因，通过受体模型 PMF（正矩阵因子分解模型），自动地快速地解析 VOCs 的来源，为管理部门进行污染预警和控制提供技术支撑。

15.4.1　光化学污染特征分析

通过对 VOCs 和主要光化学反应产物测量数据的统计分析，说明主要光化学污染物的浓度水平、变化趋势和 VOCs 的化学组成特征，筛选对臭氧和颗粒物生成起关键作用的 VOCs 物种。

15.4.2　光化学污染成因分析

通过多种光化学污染因子与气象参数的综合分析，说明影响光化学污染程度的主要因素。

15.4.3　臭氧与前体物关系分析

基于实测数据建立臭氧生成与前体物 VOCs 和 NO_x 的关系曲线，并根据实时数据动态更新。

15.4.4　VOCs 来源解析

基于 PMF 实现 VOCs 来源的在线解析，提供总 VOCs 和关键组分的来源构成，计算各类来源的时间变化规律。并通过其他方法与 PMF 解析结果进行对比。

15.5 自动化快速源解析应用案例

基于自动化数据采集和数据前处理过程，重写 PMF 模型代码，自动识别谱图，实现在线来源解析全过程的快速处理，实现每个小时进行自动化在线来源解析的计算，不需要人工干预，即可得到来源解析结果，真正实现快速源解析。

以上海市环境监测中心的颗粒物在线来源解析系统为例，该系统用户可查询每小时来源解析结果，还可以一次下载三个月内或一年以内的数据结果。三个月以内的解析结果，可以通过鼠标拉框操作的方式，实时计算平均情况，并显示每小时的来源解析结果，在线源解析结果及来源谱图见图 15-4 和图 15-5。

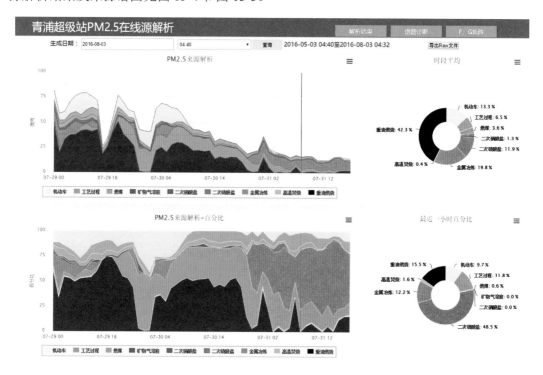

图 15-4　青浦超级站 PM2.5 在线源解析界面

注：该界面上的数据均为模拟数据。

因子 1

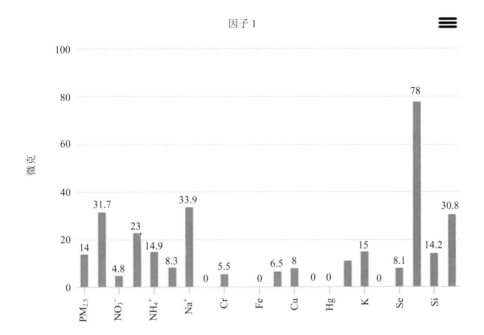

因子 2

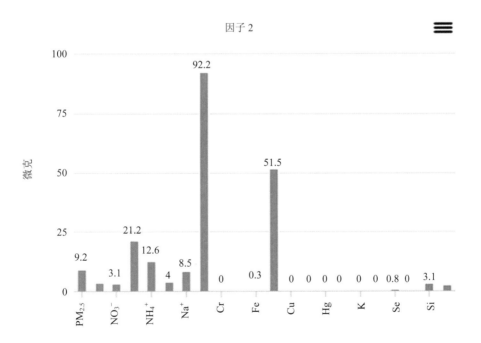

图 15-5 来源谱图

第16章 气象和其他大气观测产品应用

16.1 常用气象资料及监测技术概述

环境空气质量预报工作中常用气象资料及监测技术包括如下：

16.1.1 地面气象资料

地面气象资料是构成和反映大气状况和大气现象的基本要素，在各种地面观测平台上使用仪器和目力对气象要素和天气现象进行测量和观测。观测要素包括气压、气温、湿度、风、云量、云高、云状、能见度、降水量、天气现象、蒸发量、地温、积雪和日照时数等。上述资料通常通过地面天气图进行汇总展示，同时也构成了天气分析和预报业务中最基本的天气图，包括地面气象要素填图和地面天气分析。

地面气象要素填图以标准格式在地面观测站周围填写，如图 16-1 所示。

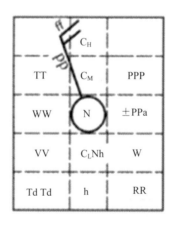

图 16-1 气象要素填图

○：站圈；N：总云量；Nh：低云量；h：低云高；C_H、C_M、C_L：高、中、低云状；dd：风向，用矢杆表示；ff：风速，用矢羽表示；TT、TdTd：气温和露点；VV：能见度；WW：现在天气现象；W：过去天气现象；PPP：海平面气压；PP：3 h 变压；RR：6 小时降水量。

地面天气图的分析项目通常包括海平面气压场分析、天气现象分析和锋面的分析。海平面气压场分析是指在地面图上绘制等压线并标注高低压中心,显示低气压(L)、低压槽、高气压(H)、高压脊和鞍型场等气压场形势;天气现象分析在地面天气图上勾画和标注主要天气区;锋面分析根据锋面附近各气象要素的分布特征,在地面图上确定锋的位置和性质,如图 16-2 所示。

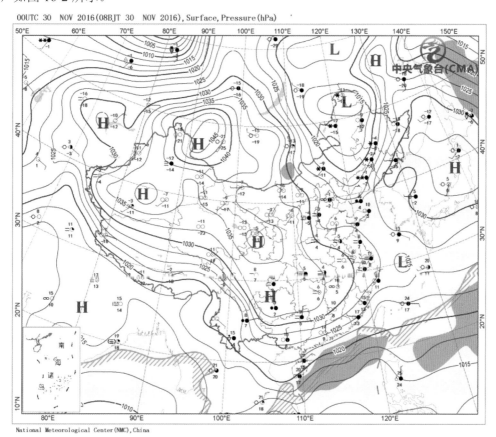

图 16-2 中央气象台地面天气图

16.1.2 高空气象资料

天气是在三维空间发生发展的,除了分析地面天气图外,还要分析高空天气图,以便了解大气压力场、风场、温度场和湿度场的空间分布及其相互联系,有助于认识天气系统的空间结构和发展演变的原因,对地面天气的分析具有指导意义。高空天气图通常在等压面上进行分析,标准等压面包括 850 hPa、700 hPa、500 hPa、200 hPa 等。高空天气图包括等压面填图和等压面分析。

等压面填图格式如图 16-3 所示。

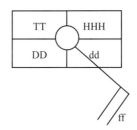

图 16-3　等压面填图

TT：气温；DD：温度露点差；dd、ff：风速、风向；HH：位势高度。

等压面的分析包括等高线分析、等温线分析、槽线和切变线分析等。高空等高线分析是在等压面上绘制等高线并标注高、低值中心，对应高、低压中心；高空等温线分析是在等压面上绘制等温线并标注高、低值中心，对应暖、冷中心；槽线是低压槽内等高线曲率最大处的连线，是气压场上的特征线；切变线是风的不连续线，其两侧风向风速有较强的气旋性切变，是风场上的特征线，见图 16-4。

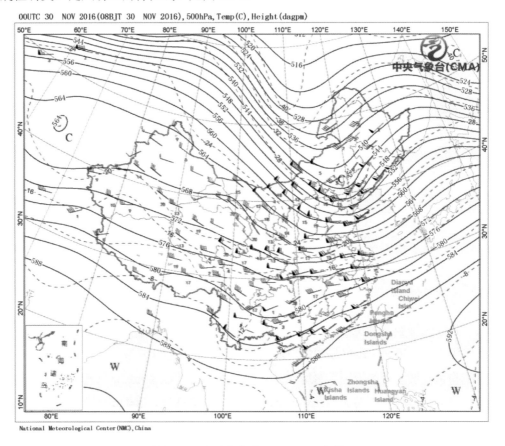

图 16-4　中央气象台 500 hPa 天气图

16.1.3 辐射资料

大气对太阳短波辐射的直接吸收十分微弱，入射到地球表面的太阳辐射除少部分被反射回太空外，大部分被地表吸收后再以感热和潜热形式加热大气，从而驱动了大气环流。太阳辐射加热大气的这种间接方式说明，地面入射太阳辐射在整个地气系统的能量收支平衡过程中起着主导作用。地面入射太阳辐射指地面入射太阳总辐射日曝辐量。气象辐射资料是预报臭氧污染的关键指标。

16.1.4 多普勒雷达拼图

常规天气雷达的信号测量仅限于气象目标的强度。而多普勒天气雷达除具备常规天气雷达的全部功能外，还能同时提供大气风场的信号。根据多普勒效应原理，多普勒天气雷达可以测定散射体相对于雷达的速度，在一定条件下反演出大气风场、气流垂直速度的分布以及湍流情况等，对强对流天气等具有重要指示意义。图形产品包括单站雷达图和雷达组网拼图，见图16-5。

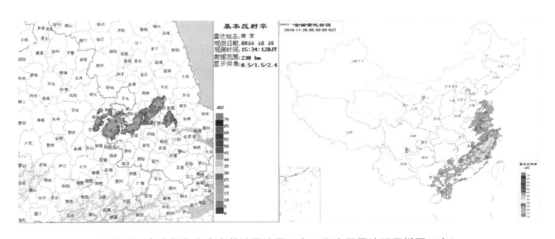

图 16-5　中央气象台南京单站雷达图（左）和全国雷达组网拼图（右）

16.1.5 风廓线雷达

风廓线雷达向高空发射不同方向的电磁波束，这些电磁波束因大气垂直结构不均匀而返回不同，通过接收并处理返回信息进行高空风场探测。风廓线雷达能够提供以风场为主的多种数据产品，包括风向、风速、温度等气象要素随高度的变化情况，即垂直廓线，见图16-6。

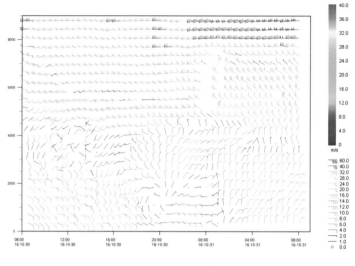

图 16-6　风廓线图

16.1.6　风云气象卫星

风云气象卫星是中国研制的气象卫星，包括极轨气象卫星和静止轨道气象卫星，组成了中国气象卫星业务监测系统。卫星携带多光谱可见光红外扫描辐射仪、垂直探测仪、扫描辐射计、红外分光计、微波温度计、微波湿度计、中分辨率光谱成像仪、微波成像仪、紫外臭氧总量探测仪、紫外臭氧垂直探测仪、地球辐射探测仪、太阳辐射监测仪和空间环境监测仪等多种仪器，获取昼夜可见光、红外云图、水汽云图等，用于探测暴雨、沙尘暴、大雾、气溶胶、草原和森林火灾、冰雪覆盖、植被、海面温度等，见图 16-7。

图 16-7　风云二号气象卫星云图

16.1.7 NASA 气溶胶自动监测网

Terra 卫星和 Aqua 卫星是两颗极轨卫星，每天同一时间两次飞越地球表面的某一点。中分辨率成像光谱仪（MODIS）装载其上，具有高空间分辨率，提供全球气溶胶光学特征探测资料。

假设地球表面为均匀朗伯表面，大气在竖直方向上均匀分布，不考虑气体吸收，气溶胶总的消光系数 AOD 与地面消光系数成线性关系，而地面消光系数与地面污染物，特别是颗粒物成一定关系，所以可得到 AOD 与颗粒物浓度的一定关系。利用 MODIS 测得大气气溶胶光学厚度（AOD），经过校正后，可预测 $PM_{2.5}$ 浓度。图像产品包括真彩色合成图和其他波段可视化图像，可反映大气的不同特征，见图 16-8。

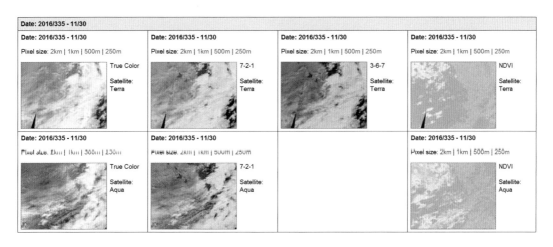

图 16-8 气溶胶卫星反演产品

16.1.8 数值预报产品

数值天气预报在一定的初值和边值条件下，通过大型计算机作数值计算，求解描写天气演变过程的流体力学和热力学方程组，预测未来一定时段的大气运动状态和天气现象，是一种定量的和客观的预报。数值预报可提供多要素的高时空分辨率四维预报场，以格点场的形式发布。

16.1.9 再分析资料

大气资料的再分析利用数据同化技术，把各种类型与来源的观测资料与短期数值天气预报产品进行重新融合和最优集成，形成高时空分辨率的多要素四维分析场。再分析资料可用来恢复长期历史观测资料，弥补其时空分布不均的缺点，或为下一时段的预报提供最优的初始条件。如 NCEP/NCAR 全球大气再分析资料、欧洲中心 ERA-40 全球大气再分析资料和日本气象局 JRA25 全球大气再分析资料等。

16.2　各国主流气象产品介绍

16.2.1　国家气象中心

国家气象中心（中央气象台）是天气预报的国家级中心，承担全国的天气监测、预报和灾害性天气警报。实况观测资料包括全国降水量、气温、风、能见度等基本气象要素；地面和高空标准等压面的天气分析；卫星云图、雷达图等遥感观测；大风、强降水等强天气监测，见图 16-9。

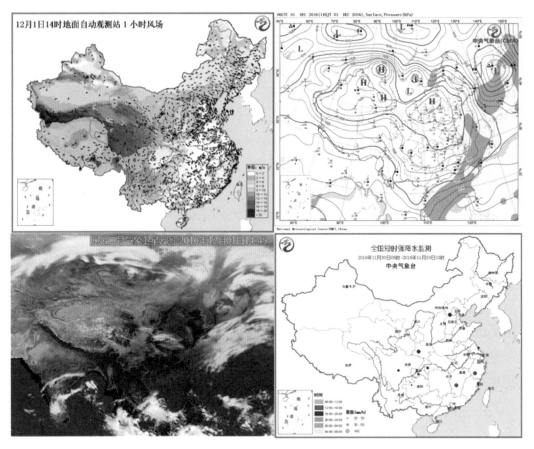

图 16-9　国家气象中心预报产品图

16.2.2　美国国家环境预报中心（National Centers for Environmental Prediction，NCEP）

美国是世界上最早开展数值天气预报研究并建立数值天气预报业务的国家，构成了数值天气预报体系。另外，NCEP 最早实现了气象资料三维变分同化业务，使大量卫星资料在数值天气预报中得到应用，改进了分析和预报质量。NCEP 的全球预报系统（GFS）是基础的业务数值预报指导产品，提供了 16 天的确定性和概率预报，每天 00，06，12 和 18 UTC 更新四次。GFS 使用的大气预报模式为基于球谐函数的全球谱模式，见图 16-10。

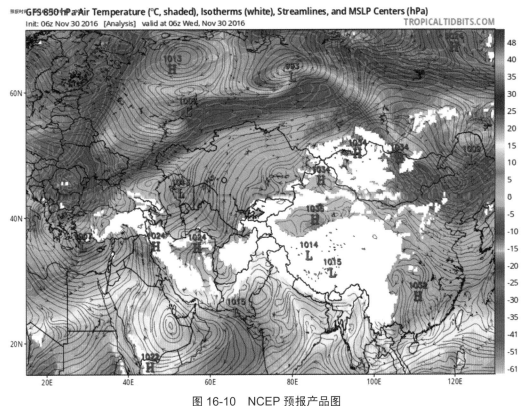

图 16-10　NCEP 预报产品图

16.2.3　欧洲中期天气预报中心（European Centre for Medium-Range Weather Forecasts，ECMWF）

欧盟主要国家组建欧洲中期数值预报中心（ECMWF），建立了全球中期数值预报业务系统，该系统使用的模式 TL511 L60 是目前世界上性能最好的全球模式。水平分辨率约 40 km，垂直方向分为 60 层。其数据同化采用了先进的四维变分技术以形成模式分析场和初始场，见图 16-11。

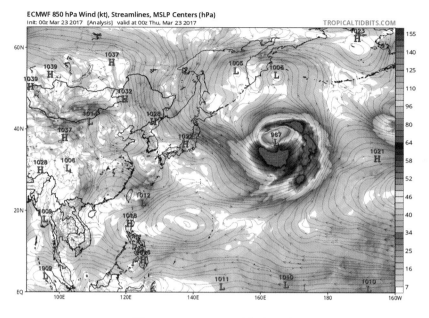

图 16-11　ECMWF 预报产品图

16.2.4　韩国气象厅（Korea Meteorological Agency，KMA）

韩国气象厅目前运行全球谱模式 GDAPS（T426），中短期数值天气预报模式水平分辨率约为 30 km，垂直方向分为 40 层，每天运行 2 次，最长预报时效为 10 天，见图 16-12。

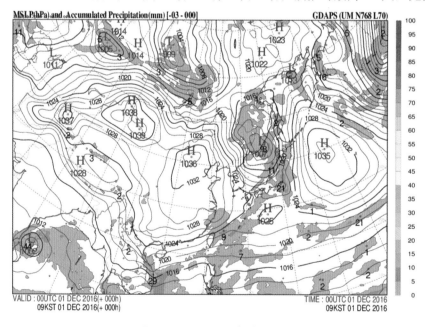

图 16-12　KMA 预报产品图

16.2.5 日本气象厅（Japan Meteorological Agency，JMA）

日本气象厅的模式主要有两个，即全球谱模式和远东区域谱模式。日本全球谱模式的水平分辨率 60 km，垂直 40 层。预报起始时刻为 00 时和 12（UTC）时。00 时起始的预报时次为 0～84 小时（3 天半），12 时起始的预报时次为 0～192 小时（8 天）。我国单收站能收到该模式的格点数据（格距为 2.5°），为 4 个时次（00、24、48、72）的 500 hPa 高度场。此外，单收站还能收到该模式 8 天的 500 hPa 高度和涡度场、地面气压场和 850 hPa 温度场预报的传真图，见图 16-13。

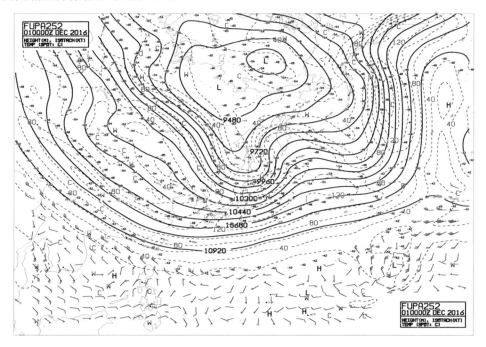

图 16-13　JMA 预报产品图

16.3　常用辅助产品介绍

16.3.1　气象信息综合分析处理系统（Meteorological Information Comprehensive Analysis and Process System，MICAPS）

MICAPS 是我国气象预报现代化业务系统的重要组成部分。它是与卫星通讯、数据库配套的支持天气预报制作的人机交互系统。其主要功能是通过检索各种气象数据，显示气象数据的图形和图像，对各种气象图形进行编辑加工，为气象预报人员提供一个中期、短期、短时天气预报的工作平台。

系统包括数据服务器、应用服务器和客户端三部分，采用开放式架构。系统核心提供地图投影、模块管理、窗口显示与操作、图层管理、交互功能接口、基础功能函数提供等基本功能，提供多种气象资料分析和可视化、预报制作、分析、产品生成功能，满足多种业务需求。系统由主框架和核心模块组成，基本结构如图 16-14 所示。

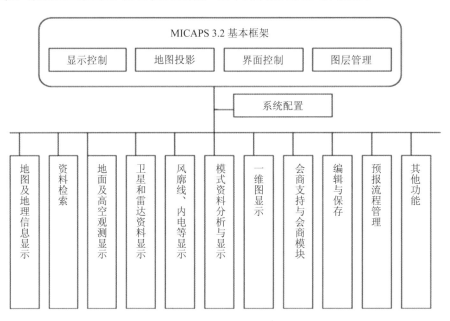

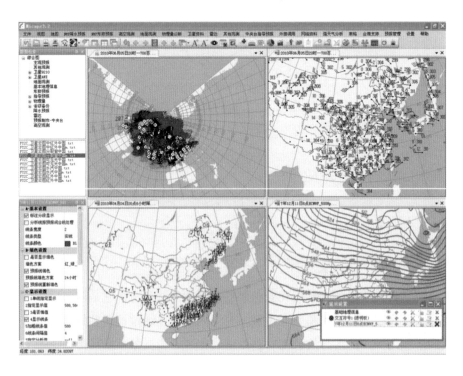

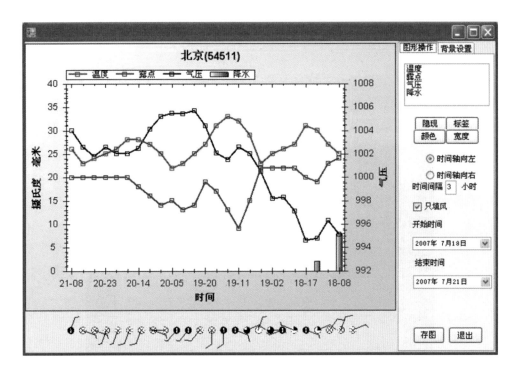

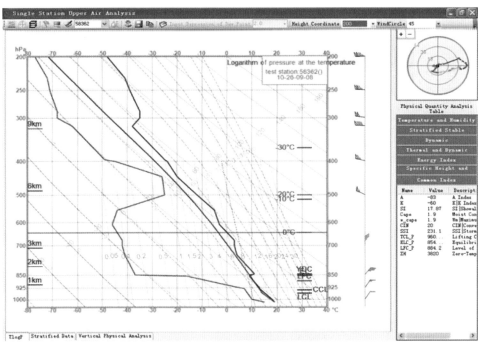

图 16-14 MICAPS 系统截图

16.3.2　全球天气可视化模拟网（Earth Null School）

全球天气可视化模拟网是一个致力于把全球的海洋流动、天气变化和风向、风速模拟可视化的数据展示平台，在这里你可以观测到全球天气的即时动态，亲眼看到地球表面的风速流动方向，见图 16-15。

图 16-15　可视化风场图

第三篇

技术展望篇

第17章 珠三角预报业务大数据平台设计原则

环境空气质量预报信息通常包括多模式、多污染物、多分辨率的三维网格化空气质量数值预报数据，全国空气质量实时监测网，大气污染物组分监测，激光雷达监测，多源卫星遥感资料，各类气象监测资料和预报产品等，已经初步具备了海量、高增长率和多样化等大数据特征。为了提高对上述结构化、半结构化和非结构化预报信息大数据的获取、存储、管理、分析能力，需要引入专业大数据平台，以提高数据分析响应速度，满足业务时效性需求。

17.1 系统层面

预报业务大数据平台设计应遵循如下原则。

17.1.1 标准化和规范化原则

严格遵循技术的标准化与技术规范化的要求，从业务、技术、运行管理等方面对项目的整体建设和实施进行初步设计，充分体现标准化和规范化。平台设计应遵循目前主流大数据处理接口规范，增加平台可移植性。

17.1.2 先进性原则

立足先进技术，采用主流配置，在满足需求的基础上，使系统具有同领域领先技术水平。

17.1.3 易用性原则

系统设计应该遵从易用性原则，减少用户学习成本，方便用户进行统计分析配置文件设计。

17.1.4 扩展性原则

从硬件平台和软件系统两个方面考虑系统的扩展性，为以后硬件平台扩展（存储容量、计算节点）和软件系统功能扩展提前做好准备，并支持在线扩展。

17.1.5 开放性原则

从输入和输出两个方面考虑为其他系统或数据提供接口，提高系统开放性，增加数据共享性。

17.1.6 可靠性原则

关键设备冗余设计，在一台设备故障时，另一台设备能自动代替运行，不影响系统可用性。考虑容错性，避免个别数据故障影响系统正常结果。

17.1.7 高并发性

系统需多用户、多线程并发访问。

17.1.8 多源数据格式

支持多种空气质量呈现数据格式。

17.2 应用层面

预报业务大数据平台设计应遵循如下原则。

17.2.1 多源数据格式

预报业务大数据平台应至少可接收以下来源资料：数值模式三维网格化数据、城市点位实时监测数据、互联网下载资料。

17.2.2 输入数据格式转化

为了提高大数据平台响应速度，需要对数据进行格式化处理，以数据库表形式存储。

三维网格化模式数据在大数据平台内的表格化呈现方式为：每条记录中包含时间、地理位置（经纬度）、垂直高度、污染物浓度及其他空气质量指标等信息（"SO_2"，"NO_2"，"CO"，"O_3"，"ASO_4"，"ANO_3"，"ANH_4"，"BC"，"OC"，"$PPMF$"，"$PPMC$"，"SOA"，"$TPM2.5$"，"$TPM10$"，"$O_{3\_}8h$"，"$VISIB$"，"AOD"，"EXT"）。每个区域、每个时次的网格化数据文件可转化成几十万条以上记录数。每年产生的记录数为十亿条量级。

城市点位实时监测数据主要以原呈现方式导入大数据平台中，每条记录包含时间、站点编号、站点经纬度、六项首要污染物浓度等内容。站点数目相对于格点数目少很多，因此监测数据的数据量相对于模式预报数据数据量小很多。

17.2.3　统计分析

预报业务大数据平台应实现如下基本业务需求：基于时间、空间、变量等信息的基础查询功能；基于时间范围和空间范围的污染物浓度最大值、最小值、平均值等基础统计功能；支持聚类、卡尔曼滤波、决策树、神经网络、逻辑斯蒂回归等算法，支持用户手动条件算法参数，以支撑数据挖掘功能。

17.2.4　数据输出

预报业务大数据平台应提供丰富的数据输出形式，提供可视化平台，以方便交互式操作和清晰展示，提供 fortran 格式和 python 格式的输出数据接口供二次开发使用。

第 18 章　多源大数据集成技术方法应用概述

18.1　背景介绍

作为时下行业最热门的词汇，"大数据"得到了商业界、传媒界、学术界和政府部门的高度重视，这是因为其中潜藏着巨大的信息价值。党中央、国务院高度重视大数据在生态环境保护中的发展与应用。

2015 年 7 月，习近平总书记在中央全面深化改革领导小组第十四次会议上提出要依靠科技创新和技术进步，推进全国生态环境监测数据联网共享，开展生态环境监测大数据分析，实现生态环境监测和监管有效联动。国务院办公厅印发了《关于运用大数据加强对市场主体服务和监管的若干意见》（国办发〔2015〕51 号），要求提高大数据运用能力，增强政府服务和监管的有效性。高效采集、有效整合、充分运用政府数据和社会数据，健全政府运用大数据的工作机制，将运用大数据作为提高政府治理能力的重要手段，不断提高政府服务和监管的针对性、有效性。

2015 年 8 月，国务院印发《关于促进大数据发展的行动纲要》，要求推动政府信息系统和公共数据互联共享，消除信息孤岛，加快整合各类政府信息平台，避免重复建设和数据"打架"，增强政府公信力，促进社会信用体系建设，这标志着中国大数据国家战略地位的正式形成。

18.2　发展状况及环保应用

传统的数据基本上可以为数据分析人员所掌握和支配，它的界限、结构和目的都比较明确。相对而言，"大数据"在以上各方面均超越了传统数据，它的数据量非常庞大，一般在 10TB 左右甚至更大，远远超越了传统常规软件和专业分析人员的信息处理和统计能力的极限。

大数据本身的定义对多数人来说并不重要，重要的是如何驾驭大数据，如何从大数据中获得有益的价值信息，如何将这些有用的价值信息转换成新的产业增长点。大数据巨大的潜在利润空间和大数据开发的乐观前景使很多专业人士将大数据与时代文化的变革联系起来，其在环境应用领域，紧密结合以下三方面基础设施建设，将进一步在监测数据处理、环境现状分析及污染预报预警方面发挥更为广泛的作用。

一是建立天、空、地一体化的环境监测和监控数据获取体系。综合利用物联网、卫星遥感、云计算等技术，推进环境质量自动化监测网络、污染源自动监控体系、机动车尾气自动监测、危险移动源跟踪监控、饮用水水源地监控体系等的建设。用以信息遥感技术为主体的监测模式，对大气、水、土壤及生态环境进行综合分析和评价，全面、准确、及时地掌握其现状、动态变化和发展趋势。

二是建立通畅的环境信息网络传输体系。建立覆盖省、市、县（区）以及重点污染源的网络传输系统、环境质量自动监测网络传输系统，形成"横向到边，纵向到底"的网络传输体系，并确保网络传输带宽，为数据采集、传输和信息发布提供传输通道。

三是构建环境信息资源共享与服务体系。建立环境要素全、覆盖范围广、时间序列长、多源、多类型、多尺度的环保云计算中心和海量环境信息资源库，建立环境信息资源服务模式和服务平台，提供多层次、全方位的环境信息资源服务。

在数据平台搭建及系统设计方面，整体划分为四层，即感知层、网络层、信息处理层和应用层。在物理资源及网络资源的基础上，采集整合所有环保相关的数据汇聚于大数据平台，建立统一的中间件平台，将数据分析结果以服务形式提供给应用，为上层具体应用提供统一的虚拟化的应用接口。整体技术架构各层功能如下：

1）感知层

利用任何可以随时随地感知、测量、捕获和传递信息的设备、系统，获取各种环保数据（信息），实现对外部环境因素"更透彻、更全面的感知"。

2）网络层

利用物联网、通信网、互联网，结合移动通信、卫星通讯等技术，感知层获取的数据（信息）进行交互和共享，传送到信息处理层进行集中处理，实现"更全面的互联互通"。

3）信息处理层

基于智慧环保专有云体系架构，重点构建智慧环保数据中心和应用支撑平台，以云计算、虚拟化和商业智能等大数据处理技术手段，整合和分析环保及相关行业的不同地域、不同类型用户群的海量数据（信息），实现大数据存储、实时处理、深度挖掘和模型分析，实现"更深入的智能化"，以达到智慧化。

4）应用层

基于云服务模式，建立面向对象的环保业务应用系统和信息服务门户，为第三方环保应用提供商提供统一的应用展示平台，为公众、企业、政府等受众提供环保信息服务和交互服务，从而实现"更智慧的服务"。

通过对大数据和云计算技术手段的综合运用，可有效实现环境监控设备的统一管理，促进环境多元数据的融合，在此基础上进一步建立高级别的环境质量模型，为环境质量管理监测及预警提供可靠的解决方法。同时，综合利用网络舆情采集分析技术及公众环保移动应用，可实现对环境的多样化管理监控，为大众用户提供参与城市环境管理监察的有效途径。

第 19 章　GIS 可视化技术设计与实践

地理信息系统（以下简称 GIS）技术是利用现代计算机图形与数据库技术来处理地理空间及其相关数据的计算机应用系统，是融合地理学、测量学、几何学和计算机科学为一体的综合性学科。其最重要的作用是对地理空间及相关信息进行定位、统计分析，其最大特点是在于它能把地球表面空间事物的地理位置及特征有机地结合在一起，并通过计算机屏幕形象，直观地展现出来。

随着我国环境信息化的快速发展和计算机新技术在环境保护领域的广泛应用，GIS 在环境管理和决策可视化工作中在逐步发挥着越来越重要的作用。当前，全国 27 个省级及100 多个城市环保管理部门都已经使用地理信息系统平台软件和相应的硬件设施，大部分省市已建立环境基础数据库，利用可视化技术开发了城市环境地理信息系统、环境污染应急预警预报系统等，取得了显著的成效。

在环境监测方面，GIS 可视化技术已实现了对实时采集的数据进行存储、处理、显示、分析，我国建设的全国城市空气质量实况发布平台，以可视化技术为基础，已对全国 1 400多个环境自动监测站点的监测数据进行可视化展示，直观地显示和分析全国大气环境现状、污染分布、大气环境质量评价，并可结合数字地图查询历年监测数据及各种统计数据，进行空间分析、辅助决策，为全国大气环境的科学化管理和决策提供了先进手段。

在空气质量预报方面，GIS 可视化技术已逐步运用于常规监测数据分析、深度观测数据展示以及多源预报数据集成等各个环节，为了解空气质量现状、分析大气污染成因、把脉空气质量变化趋势、指导预报人工修订、积累空气质量预报经验提供了主要的辅助手段和强有力的技术支持。

19.1　技术优势

19.1.1　满足大气环境专题可视化制图产品的需要

环境可视化制图是环境科学研究的基本工具和手段。与传统的、周期长的、更新慢的手工制图方式相比，利用 GIS 建立起地图数据库，可以达到一次投入、多次产出的效果。

它不仅可以为用户输出全要素地形图，而且可以根据用户需要分层输出各种环境产品专题图，如空气质量预报污染物浓度分布图、不同高度风场图、探空图、环境气象剖面图等。GIS 的制图方法比传统的人工绘图方法要灵活得多，在基础电子地图上，通过加入相关的专题数据就可迅速制作出各种高质量的环境可视化专题地图，并可以根据实际需要从符号和颜色库中选择图件，使之更好地突出专题效果和特性。

19.1.2 满足各地环境信息系统应用与可视化展示的需要

各级环保部门在日常管理业务中，需要采集和处理大量的、种类繁多的环境信息，包括空气、水、污染源等。而这些环境信息大部分都与空间位置有关。例如，污染源空间信息数据包括来自于工业、农业、交通等不同污染来源，涵盖污染物属性等多种多样的信息，环境质量信息数据包括空气、水、噪声等不同环境自动监测或手工监测点位的地理位置、环境要素浓度等信息。为满足用户随时随地通过 Web 或者手机移动端即刻掌握环境信息，并把各种环境信息与其地理位置结合起来进行综合分析与管理，可通过建立不同类别的环境信息数据库，以 GIS 作为基础分析平台，在 Internet/Intranet 上运行的模式展示给用户，实现用户对环境空间数据的输入、查询、分析、输出和管理的可视化需要。

19.1.3 实现可视化的环境空间分析应用

环境现状变化快、数据收集更新难度大，环境的空间分布与空间统计状况、生态环境质量状况及其变化的空间规律特点难以实时掌握，难以为环境的可持续发展与资源的可持续利用提供科学依据与支撑，是当前众多省市存在的环境技术问题。利用 GIS 的空间分析功能，可以综合性地分析展示各种环境数据，并可将不同的环境影响进行计算并叠加展现。例如，首先可将地理信息与大气、土壤、水、噪声等环境要素的监测数据结合在一起，利用 GIS 软件的空间分析模块，对整个区域的环境质量现状进行客观、全面的评价，以反映出区域中受污染的程度以及空间分布情况。其次，通过叠加分析，可以提取该区域内大气污染实时或历史分布图、噪声分布图；通过缓冲区分析，可显示污染源影响范围等。

19.1.4 满足多维立体空间上的可视化环境评价

环境数据通常具备多源、多维等特点，由于具备不同的层次、种类等属性，从传统的分析方法上，难以在多维空间立体上对环境信息进行环境评价，或在同一空间上对大气、气象、水、土壤、噪声等多源环境信息进行综合分析，且由于数据量大造成一定的分析难度。由于 GIS 能够集成管理与分析密切相关的环境数据，因而也是综合分析评价的有力工具，以满足多维立体空间上的环境可视化环境评价。

19.2 主要功能及应用

19.2.1 二维 GIS 常用功能

GIS 是可视化常用的一项关键技术。二维 GIS 及其常用功能包括空间数据管理、空间可视化、在线编辑、空间分析和地理处理、实时数据处理分析、以地图为核心的内容管理等，应用服务可根据业务需求，实现桌面端、Web 应用、移动应用等不同形式的 GIS 应用服务。

1）空间数据管理

基于地理数据库，对空间数据进行抽取、检入/检出、空间管理等功能，实现以地图为核心的空间管理与内容管理。

2）空间可视化

实现 Web 制图服务以支持二维和三维的动态形式或者静态缓存形式的地图发布功能，并配置一个基于 Web 制图服务的浏览器应用实现空间可视化展示。

3）在线编辑

实现对空间数据库或原生关系数据库中的空间和属性数据，进行桌面端、Web 端或者移动端的在线数据编辑。

4）空间分析和地理处理

实现基于服务器的分析和地理处理，包括矢量和栅格分析、3D 和网络分析并实现相应的处理模型、脚本和工具。

5）实时数据处理分析

实现在 GIS 应用中接入实时数据。如车载 GPS 设备、移动设备以及社交媒体供应商，用户可以有效地监控重要事件、位置、操作阈值等，并对此进行紧急响应。

根据用户的不同需求，可向桌面端、Web 端和移动端提供丰富的 GIS 功能。以应用较为广泛的 Web 和移动端应用说明如下：

Web 应用——支持开发人员通过 GIS 软件提供的相关接口进行开发、调用并应用于 Web 应用程序。

移动应用——支持 GIS 在 iOS、Android、Windows Phone、Windows Mobile 等主流移动平台上的应用，即开发人员可以使用相应的开发工具包创建自定义移动应用。

19.2.2 三维 GIS 常用功能

除上述功能外，基于三维建模技术——程序规则建模，三维 GIS 还可使用二维数据快速、批量、自动地创建三维模型，实现"所见即所得"的规划设计。以 GIS 数据来驱动模型的批量生成，保证三维数据精度、空间位置和属性信息的一致性。同时，还提供如同二维数据更新的机制，可以快速完成三维模型数据和属性的更新，提升了可操作性和效率。三维 GIS 及其建模重点包括批量三维数据建模、场景动态设计、数据编辑与更新、三维场景共享等内容。

1）三维数据建模

以一定的规则，将需要建模的 GIS 数据批量式的拖放导入，以自动批量生成三维数据模型。

2）场景动态设计

通过属性参数调整地理数据等属性或与模型直接交互实现城市动态的规划与设计，并得到即时的模型设计结果。

3）三维数据编辑与更新

实现三维数据的导入、导出、编辑和属性更新，数据更新省去了中间环节，实现从地理数据库中来到地理数据库去。

4）三维场景 Web 端、移动端可视化浏览

制作好的三维场景进一步应用于 Web 端、移动端或其他，用于提供决策或者公众浏览，实现三维场景的共享。

除上述数据建模、数据管理、空间分析、在线编辑、Web/移动端应用服务等方面以外，GIS 还有相关非核心的扩展应用，以补充其核心系统的能力，如数据 3D 分析、影像扩展、工作流管理等，此处不一一展开描述。

19.3　GIS 关键技术

当前，GIS 实现了地理及其环境数据信息的二维、三维存储、处理、显示、分析、管理等功能，GIS 的优势在于能够直观直接地展示复杂的地理信息，同时具有强大的空间分析功能。随着社会的发展，人们对地理信息的关注程度越来越高，因此对地理信息的获取和使用也有了更高的要求。与二维 GIS 相比，三维 GIS 有其独特的优势。三维 GIS 因更接近于人的视觉习惯而更加真实，同时三维能提供更多信息，能表现更多的空间关系。随着计算机技术的发展和二维 GIS 行业应用的深入，三维 GIS 的使用亦开始渗入环保行业。

二维 GIS 技术及应用已较为成熟，列举二维、三维 GIS 的一些关键技术描述如下：

1）GIS 数据建模技术

使用 GIS 数据的优势在于，GIS 数据是由要素和属性组成并且带有空间位置。这样，在二维、三维模型创建的时候可以直接使用其几何信息和属性值进行建模，充分体现了 GIS 数据的价值。另外，GIS 数据的获得比较容易，也降低了基础数据准备的成本。

2）GIS 插值模拟技术

通常，区域环境因子的值是离散的，为了展示整个区域的环境如空气质量状况，需要将未知数据地区的污染物浓度值利用插值方法得出。以 ArcGIS 为例，其提供了反距离权重插值法、样条函数法、克里金法等一些特定用途的空间插值函数。运用上述方法可将离散点的污染物浓度测量数据转换为连续的数据曲面，实现对面上污染物浓度的模拟与预测。

3）基于规则驱动建模的 GIS 专题技术

规则驱动建模，即通过程序规则的方式来描述对象，并通过程序自动生成模型，这样极大地减少了繁琐的重复劳动，并可通过该种方式实现既定规则模型的自动化运行与应用。同时，使用规则驱动生成的模型并不是静态的，是可以通过属性参数来控制模型外观，实现动态智能编辑与布局。

基于规则驱动建模，可构建地理模型、空间分析的地理处理模型或其他 GIS 专题模型等，自动执行、记录及共享多步骤过程（即工作流），自动执行空间分析、耦合展示等任务，实现流程自动化，实现对环境各要素的空间分布分析、渲染与可视化专题展示。

19.4　实践案例

19.4.1　二维 GIS 可视化典型案例

1）空气质量监测数据可视化展示

全国空气质量 AQI 日报 GIS 发布图见图 19-1。

图 19-1　全国空气质量 AQI 日报 GIS 发布图

（网址来源：http：//106.37.208.233：20035/）

2）空气质量模式预报数据可视化展示

全国 PM₂.₅ 空气质量预报 GIS 专题图见图 19-2。

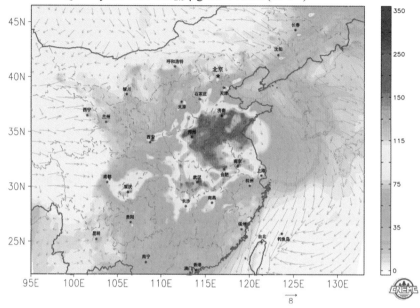

图 19-2　全国 PM₂.₅ 空气质量预报 GIS 专题图

19.4.2　三维 GIS 可视化典型案例

1）基于三维地图空气质量监测数据可视化展示，见图 19-3、图 19-4。

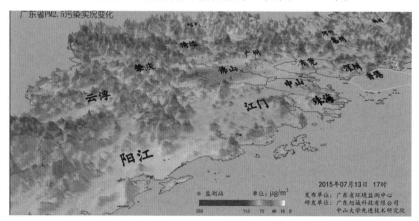

图 19-3　空气质量实况三维 GIS 可视化展示

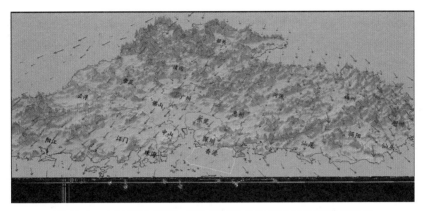

图 19-4　空气质量实况与气象场三维 GIS 耦合动态可视化展示

2）三维模式数据立体可视化展示，见图 19-5～图 19-7。

图 19-5　三维空气质量预报数据平面展示

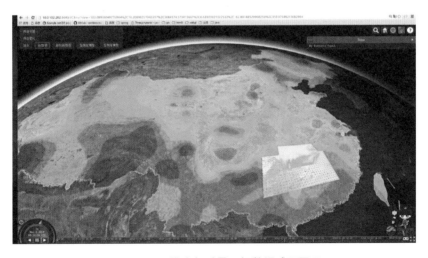

图 19-6　三维空气质量预报数据球面展示

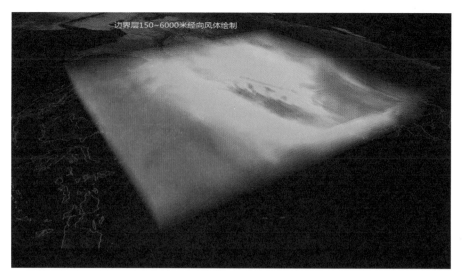

图 19-7　边界层风场三维数据展示

19.4.3　大数据分析可视化案例

1）基于 HYSPLIT-4 模型的后向轨迹可视化案例，见图 19-8～图 19-10。

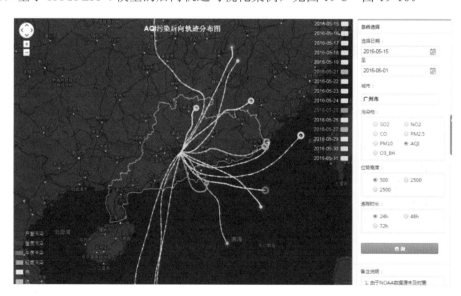

图 19-8　后向轨迹污染综合分析可视化案例展示

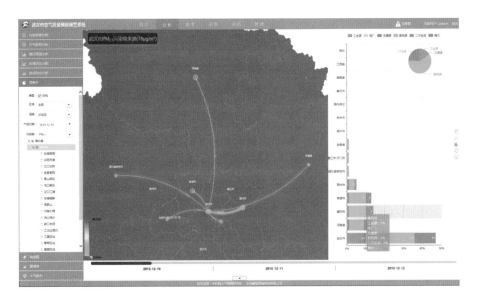

图 19-9 后向轨迹污染综合分析可视化展示

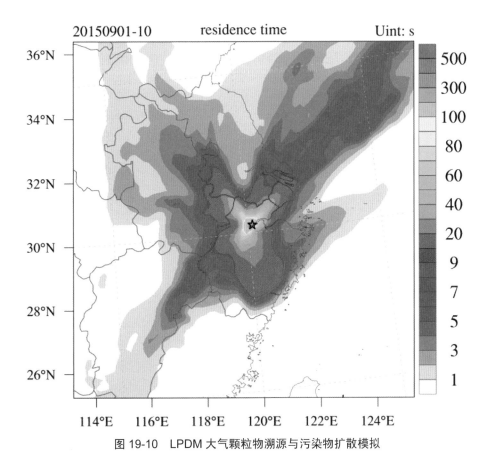

图 19-10 LPDM 大气颗粒物溯源与污染物扩散模拟

2）源清单空间分布特征识别与分配可视化案例，见图 19-11 和图 19-12。

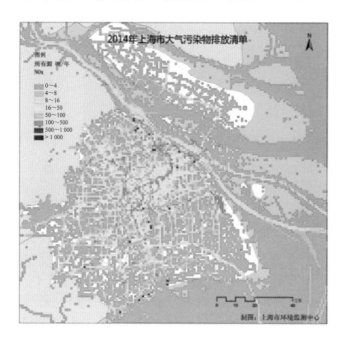

图 19-11　上海高分辨率污染源排放清单可视化案例展示

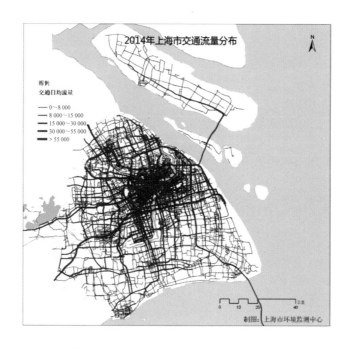

图 19-12　基于大数据的上海交通动态活动水平可视化案例展示

19.4.4　流场可视化案例

基于大气运动方程实现对多尺度四维向量场和标量场的动态可视化，建立风场和污染物分布数据的实时渲染，见图 19-13。

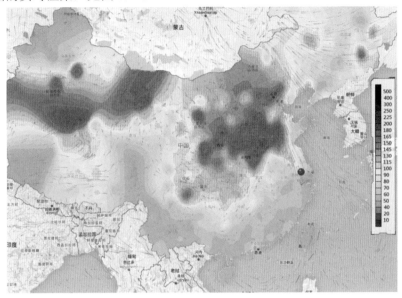

图 19-13　江苏省环境监测中心动态流程和污染物渲染图

19.5　存在的问题

二维 GIS 可视化在环保方面的应用已较为成熟，三维 GIS 可视化亦开始在水环境、辐射等环保领域崭露头角。然而，三维 GIS 可视化在各个行业不局限于大气等环保领域的应用仍面临一些问题和技术瓶颈：

1）昂贵的数据投入。对于 GIS 来说，数据为王是最恰当不过的。再好的系统，缺乏实时、全面的空间数据也只能是个摆设。显然，数据的获取对 GIS 来说至关重要。与二维空间数据相比，三维空间数据的获取成本更为昂贵，尤其是大面积的三维场景建模。长期以来，三维空间数据获取的效率低下和高成本都成为阻碍三维 GIS 技术发展的重要因素。

2）海量数据处理与管理的技术瓶颈。随着遥感影像、DEM 以及大量的三维模型等空间数据的集成应用，数据量急剧增加，处理海量数据便成为三维 GIS 可视化所必须面对的技术难题。就环保业务而言，基础地理数据通常与环境业务结构型数据在数据存储模型、数据结构上不一致，导致数据融合性存储存在一定技术难度，不仅增加了数据冗余，而且增加了数据更新维护的代价。

3）海量数据可视化瓶颈。经过几十年的发展，二维 GIS 技术在工作效率已经得到了广泛认可，并在包括大气环保在内的各个行业应用方面已较为普遍。但是三维 GIS 却面临着一些挑战，例如，当前环保水领域应用的三维 GIS 可视化项目，三维场景大多以显示影像和地形为主，但应用于大气环境、气象领域时，一旦加入非常密集的矢量（如等高线）或者较为精细的整个城市模型建筑，三维显示效果就大打折扣。

4）针对大气环境领域而言，三维 GIS 缺乏特别适用于大气环境的三维可视化分析功能。三维 GIS 应该在扩展原有二维 GIS 强大分析功能的基础上，提供更多的大气环境三维特色可视化分析功能，才能为大气环境业务管理带来更多的提升。此外，二维、三维开发体系分离，业务系统定制困难，也一定程度上抑制了三维 GIS 在环境领域上的可视化与分析应用发展。

5）此外，还有海量三维的网络传输、数据发布、客户端数据共享等问题，均一定程度上限制了三维 GIS 的应用。后续只有降低三维建设成本和突破三维软件本身的技术限制，才能推动市场从繁荣走向真正的成熟，以推动三维 GIS 可视化在各个行业的应用。

第 20 章　大数据在船舶排放清单中的设计和应用

随着海上物流的快速发展，船舶及航运排放对区域空气质量造成的影响日益突出。2014 年 7 月，国际环保组织自然资源保护协会在北京发布的《船舶和港口空气污染防治白皮书》中指出，由于船舶使用高硫油，其排放废气中所含的颗粒物、氮氧化物和硫氧化物，严重威胁人类健康与环境。除机动车已拥有较多的科技支撑并持续推进污染防治工作外，船舶排放控制研究尚处于起步阶段。船舶的减排已成为影响环境空气质量持续改进的重要环节，迫切需要以大数据为基础，合理、有效地开展船舶污染物排放研究。

20.1　船舶大气污染物排放清单研究现状

船舶大气污染物排放清单的编制方法主要有：自上而下的基于燃油消耗量的排放因子法（燃油法）、自下而上的基于船舶进出港数量及航行工况的排放因子法（动力法）以及自下而上的基于船舶自动识别系统（Automatic Identification System，AIS）的排放因子法。基于燃油法的研究国外起步较早，在 2009 年发布的国际海事组织（IMO）第二次温室气体研究报告中，就使用燃油法计算了全球船舶的温室气体及主要污染物排放。基于全球范围的油耗而使用燃油法评估船舶排放可以做到宏观上的相对准确，但由于船舶加油地点和航行区域可能不在同一个国家或地区，所以在地区层面使用燃油法计算船舶排放会带来较大的不确定度，于是基于船舶功率的动力法应运而生。2005 年美国的洛杉矶港开始使用基于船舶进出港数量的动力法建立排放清单。2011 年上海港也应用该方法对区域内的船舶大气污染物排放进行了计算。近年来，随着 AIS 技术的逐步成熟，国内外又开始了新一轮对船舶排放清单编制方法的研究。

在国际上，已经存在一些利用 AIS 数据进行污染排放研究的案例。如 Jalkanen 等（2009）在波罗的海区域首次建立了基于 AIS 的船舶排放清单，报道了该港口群区域 NO_x、SO_x 和 CO_2 的排放情况，其中给出的 STEAM 模型（Ship Traffic Emission Assessment Model）拥有极高的时间分辨率，能够以 2 秒～6 分钟为间隔进行更新。在后续的研究中，Jalkanen 等（2012）进一步扩展了清单的涵盖范围，将 PM 与 CO 的排放估算包括在内。Cotteleer 等（2012）则利用 AIS 数据与船舶特征信息，给出了荷兰附近海域于 2010 年的污染排放情况，其中详细描述了排放估算过程中的计算方法和技术细节。Goldsworthy 等（2015）利用 AIS 数据分析了澳大利亚区域的船舶排放，认为距城市 300 km 内的船舶排放会对城市空气污染产生不可忽视的影响。另外，Tournadre（2014）通过卫星高度计结合 AIS 数据指出，1992—2012 年，印度洋和中国附近海域的船舶通行量显著增加，意味着我国附近海域的船舶排放量会有明显的上升，因此有必要对其进行更为精确的测算。

国内关于船舶排放清单的工作主要集中在上海港、天津港、青岛港、深圳港和香港地区。杨冬青等（2007）对上海港 2003 年船舶排放进行了初步估算，但其中对部分船舶活动量进行了理想化假定，未能对船舶工况和船队构成等开展更加细致的调查研究。金陶胜等（2009）采用基于燃料消耗的方法，估算天津港运输船舶的 NO_x、HC、CO 和 PM 的排放量，建立天津港的船舶大气排放清单。刘静等（2011）依据青岛市空气环境质量管理系统，建立青岛港船舶大气污染排放清单，并结合 GIS 地理信息系统，对沿海主要大气污染物的排放进行空间模拟测算。Ng 等（2013）基于 AIS 资料建立香港地区的船舶大气排放清单，目前正在将空间范围扩展至珠三角区域。伏晴艳等（2012）在通过自上而下的动力法对上海港船舶排放的研究过程中，利用 AIS 数据来获取船舶航行路径的空间统计信息和流量分布密度，确定 1 km×1 km 网格分辨率的大气污染物排放空间分布，但采取的是按路径平均分摊的方法，所以对 AIS 信息的充分利用尚保留了很大空间。

此外，目前国内关于船舶排放清单的工作主要集中在单个港口，从港口群尺度至区域尺度乃至国家尺度的船舶排放清单十分缺乏，因此对区域尺度上船舶空气污染的相关研究存在不足。这对今后船舶排放的影响范围、船舶污染物的扩散路径及对空气污染贡献等的综合评估带来困难。总体来说，以 AIS 数据为基础进行船舶排放清单的制定，在欧美和中国香港地区已有相关研究，但在中国大陆区域中仍然少有涉及，建立以基于 AIS 系统的中国船舶大气污染物排放清单具有重要的应用价值。

20.2　利用 AIS 船舶数据计算船舶污染物排放的问题

船舶自动识别系统（AIS）配合全球定位系统（GPS）将船位、船速、改变航向率及航向等船舶动态结合船名、呼号、吃水及危险货物等船舶静态资料由甚高频（VHF）频道向附近水域船舶及岸台广播。邻近船舶及岸台能通过 AIS 系统及时掌握附近海面所有船舶之动静态资讯，立刻互相通话协调，采取必要避让行动，保障船舶安全行驶。AIS 系统提供三类数据，其中包含：①船舶静态数据，包含船名、呼号、MMSI、IMO、船舶类型、船长、船宽等；②船舶动态数据，包含经度、纬度、船首向、航迹向、航速等；③船舶航程数据，包含船舶状态，吃水、目的地、ETA 等。根据船舶静态数据，查询静态数据库，可获得船舶主机、辅机和锅炉功率，再通过船速等信息判断船舶工况，可实现自下而上式的远洋船舶排放清单测算。

由于 AIS 数据量大，在基于 AIS 构建排放清单时，将面临以下问题：①AIS 数据量巨大，解析存储耗时严重；②排放量计算过程复杂，船舶静态信息匹配难度大；③海量排放数据，传统方法难以实现快速统计和展示。用传统处理方法，一般需要把数据抽吸、过程简化、缩短数据时间段等手段，使得数据信息量大打折扣。大数据技术是近几年快速发展的海量数据处理技术，可以很好地解决计算、查询、统计和展示的问题。

20.3　长三角区域船舶大气污染物排放清单的应用实践

20.3.1　基于 AIS 的上海港船舶大气污染物排放清单技术路线

1）船舶 AIS 数据解译

根据 AIS 相关文档，开发 AIS 数据自动解译模块，获得船舶编号（国际船舶为 IMO 编号，国内船舶为当地统一编号）、位置、对地航速、船头方向、对应时间、目的地等信息。

2）数据清洗和入库

AIS 信息中会存在一些异常数据，这些数据会在后续的匹配、工况确定、估算等环节造成偏差，产生不确定性，因此需要在入库前进行数据清洗，自动识别异常数据，然后再存入数据库。AIS 数据量大，在解析、清洗、入库的环节中，需采用大数据处理技术提高计算性能。

3）船舶信息匹配

根据公开的商业船舶基本信息数据库，以及各种文献资料，将 AIS 中每条船与基本信息进行匹配，使 AIS 数据融合关联船舶类型、吨位、船龄、主机/辅机、锅炉、船队、油品等船舶基本信息。该环节的难点是对公开或商业数据库中不存在的船舶信息进行匹配。

4）船舶工况确定

工况确定匹配是关键步骤，根据对地航速、航线、目的地、位置等多维信息，采用模式识别、GIS 空间分析等技术，自动识别出每条船舶不同时间内的工况。根据工况，可获得船舶巡航时间、离靠泊时间、主机负载、主机辅机和锅炉开启时间等信息。通过开展典型船舶工况调查，还可以得到更为精细化的工况信息。

5）污染物排放估算

依托 AIS 数据、船舶基础信息、船舶工况、各类发动机排放因子、油品质量因子、后处理矫正因子等数据，根据船舶污染物排放模型，可估算出每条船舶，任意时间和空间位置的污染物排放量。将这些估算叠加，可获得年度总排放量以及空间分布。

6）统计分析与可视化

基于 AIS 数据估算出的船舶污染物排放量，是自下而上的一种计算方法，可获得每条船任意时间和空间位置的污染物排放量，是大数据处理的范畴，因此，可获得丰富的统计分析结果，以及大量的图表和空间展示可视化成果。例如，船龄分布与其排放状况关系与空间分布、发动机效能与排放状况关系、油品使用与不同污染物排放关系等。在最小单元拥有位置和时间信息，可开展深度 GIS 空间与时间分析、数据挖掘、可视化等工作。

技术路线详见图 20-1。

图 20-1　基于 AIS 的上海港船舶大气污染物排放清单技术路线

20.3.2　AIS 大数据处理流程

1）AIS 数据处理流程

数据存储设计：由于船舶数据量较大，采用传统关系性数据库存储难以进行再次分析及统计。基于这种原因，在长三角区域船舶大气污染物排放清单的应用实践中，AIS 数据存储采用 Hadoop 大数据技术架构来实现，存储架构设计见图 20-2。

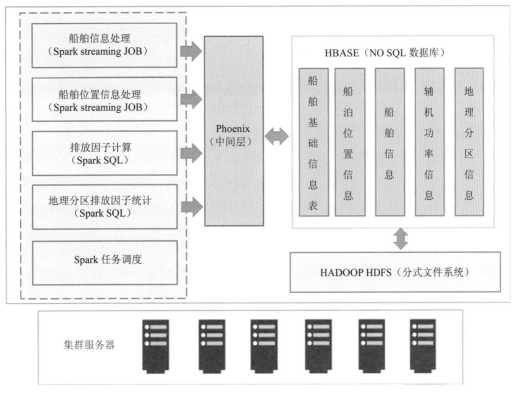

图 20-2　数据存储架构设计图

2）AIS 船舶信息处理流程

通过 spark streaming 可以快速将船舶数据导入到内存中，之后采用 spark rdd 的 filter 操作，取出所有以"！ABVDM，2"开始的值，再通过 map 操作，解析每条船舶基础信息，再次进入 map 操作，与船舶基础信息数据进行匹配操作，从而得到每条船舶信息，之后通过 phoenix 存储于 hbase 中船舶信息表中。具体流程图见图 20-3。

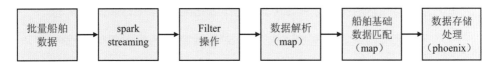

图 20-3　AIS 船舶信息处理流程

3）AIS 船舶位置信息处理

通过 spark streaming 可以快速将船舶数据导入到内存中，之后采用 spark rdd 的 filter 操作，取出所有以"！ABVDM，1"开始的值，再通过 map 操作，解析每条船舶位置信息，再次进入 map 操作，根据经纬度计算所属对应哪个地理分区，之后通过 phoenix 存储于 hbase 中船舶信息表中。具体流程见图 20-4。

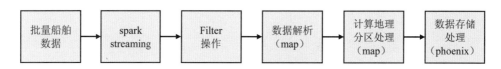

图 20-4　AIS 船舶位置信息处理

4）AIS 船舶排放量计算

通过 phoenix 接口将船舶位置信息、船舶信息批量读取至 spark sql 中，进行排放量计算。

20.3.3　长三角区域应用案例

基于 AIS 大数据计算，2015 年上海港船舶大气污染物分担率如表 20-1 与图 20-5 所示。岸泊船舶为上海港船舶主要排放源，其各类污染物排放量均约占总排放量的 60%，其次为经过船舶、锚泊船舶，排放分担率约为 30% 和 10%。岸泊、经过、锚泊三种状态的船舶各月分担率如表 20-2 所示。

表 20-1　2015 年上海港船舶大气污染物排放分担率　　　　　　　　单位：%

船舶状态	PM_{10}	$PM_{2.5}$	DPM	NO_x	SO_x	CO	HC
岸泊	58.4	58.3	56.5	61.6	61.1	61.8	61.3
锚泊	9.9	9.9	9.6	9.2	10.3	9.4	9.5
经过	31.6	31.8	33.9	29.2	28.6	28.8	29.2

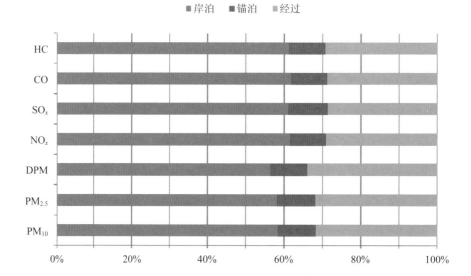

图 20-5　2015 年上海港船舶大气污染物排放分担率

表 20-2　各状态船舶 2015 年各月份大气污染物排放分担率　　　　单位：%

船舶状态	月份	PM$_{10}$	PM$_{2.5}$	DPM	NO$_x$	SO$_x$	CO	HC
岸泊	1 月	5	5	4.8	5.3	5.3	5.3	5.3
	2 月	4.3	4.2	4.1	4.3	4.4	4.3	4.2
	3 月	4.9	4.9	4.7	5.2	5.2	5.2	5.1
	4 月	4.8	4.8	4.6	5.3	5	5.4	5.3
	5 月	4.1	4.1	4	4.2	4.2	4.2	4.2
	6 月	5.1	5.1	5	5.1	5.1	5.1	5.2
	7 月	4.8	4.8	4.6	5	5	5	5
	8 月	5.1	5	4.9	5.3	5.3	5.3	5.2
	9 月	4.7	4.7	4.6	5	4.9	5.1	5
	10 月	5.3	5.3	5.2	5.9	5.6	5.9	5.9
	11 月	5.1	5.1	5	5.4	5.4	5.4	5.4
	12 月	5.4	5.4	5.2	5.6	5.6	5.6	5.6
经过	1 月	2.3	2.3	2.5	2.2	2.1	2.2	2.2
	2 月	2.3	2.3	2.5	1.9	2	1.8	1.9
	3 月	2.3	2.3	2.5	2.2	2.1	2.2	2.2
	4 月	2.2	2.2	2.3	2.2	2	2.1	2.2
	5 月	2.5	2.5	2.6	2.4	2.2	2.4	2.4
	6 月	4.4	4.4	4.7	3.9	3.9	3.8	3.8
	7 月	2.6	2.7	2.8	2.4	2.4	2.4	2.4
	8 月	2.6	2.6	2.7	2.4	2.3	2.4	2.4
	9 月	2.4	2.4	2.5	2.2	2.1	2.2	2.2
	10 月	2.8	2.8	3	2.5	2.5	2.5	2.6
	11 月	2.7	2.7	2.9	2.4	2.4	2.3	2.4
	12 月	2.7	2.7	2.9	2.5	2.5	2.4	2.5
锚泊	1 月	0.5	0.5	0.4	0.5	0.5	0.5	0.5
	2 月	0.5	0.5	0.4	0.5	0.5	0.5	0.5
	3 月	0.6	0.6	0.5	0.7	0.7	0.7	0.6
	4 月	0.6	0.6	0.5	0.6	0.6	0.6	0.6
	5 月	0.7	0.7	0.7	0.8	0.7	0.8	0.8
	6 月	0.8	0.8	0.8	0.9	0.8	0.9	0.9
	7 月	1.1	1.1	1.1	1	1.1	1	1
	8 月	1.2	1.2	1.2	1	1.2	1.1	1.1
	9 月	1	1	0.9	0.8	1	0.8	0.8
	10 月	1.3	1.3	1.3	1	1.3	1.1	1.1
	11 月	0.8	0.8	0.8	0.7	0.9	0.7	0.7
	12 月	0.9	0.9	0.9	0.8	1	0.8	0.8

2015 年船舶 NO$_x$ 排放空间分布如图 20-6 所示。长江深水航道以及上海东部水域船舶排放量较大，由于内河船舶 AIS 开启率问题，在图中并没有明确的内河船舶运动轨迹。

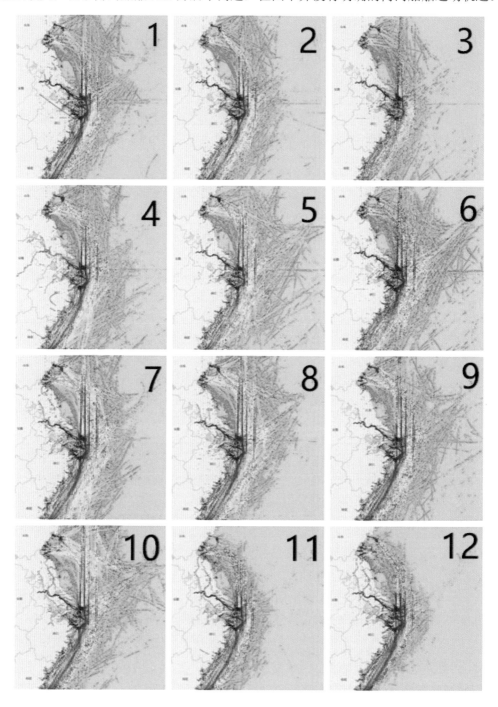

图 20-6　2015 年各月船舶 NO$_x$ 排放空间分布

第 21 章　大数据在机动车排放清单中的设计和应用

21.1　环保大数据的机遇

自 2008 年《自然》杂志提出大数据的概念以来，受到了各界的强烈关注。2012 年美国政府发布《大数据研究和发展计划》，将大数据研究作为国家战略，在科学发现、环境保护等领域大力开展研究；日本随后推出"新 ICT 战略研究计划"，重点关注"大数据应用"。我国于 2015 年出台《促进大数据发展行动纲要》，将大数据上升到国家战略，明确了大数据未来 5～10 年的发展目标和主要任务，推动大数据的发展和应用，建立经济运行新机制，打造社会治理新模式。尽管大数据尚未有统一的定义，但这并不影响大数据成为社会各界高度关注的热点，并已经开始在医疗、零售、制造、政府公共管理、资源环境等领域得到广泛应用。

党中央、国务院同时高度重视大数据在推进生态文明建设中的地位和作用，习近平总书记明确指出，要推进全国生态环境监测数据联网共享，开展生态环境大数据分析。环保部于 2016 年 3 月 8 日印发《生态环境大数据建设总体方案》，明确了生态环境大数据建设的指导思想和目标，强调要以改善环境质量为核心，统一基础设施建设，集中管理数据资源，推动系统整合互联和数据开放共享，促进业务协同，完善制度标准和数据安全体系。通过生态环境大数据建设和应用，力争在五年内实现生态环境综合决策科学化、监管精准化、公共服务便民化。《方案》还对生态环境大数据建设的保障措施及建设的工作安排等做出了具体规定，要求各部门要切实增强生态环保大数据建设的紧迫感，加强推动力度，发挥积极性和主动性，做好顶层设计，推动数据资源全面整合共享。

随着全社会对环保的日益关注，我国的环境信息技术在近些年得到了飞速发展。环保部门开展了环境质量监测、污染源监控、生态环境调查、环境执法、环境标准、环境规划、环境统计等工作，积累了大量数据，并已经具备了大数据的"4V"特性，即体量大（Volume）、种类多（Variety）、速度快（Velocity）、不确定性（Veracity）。然而"大数据"的概念远不止大量的数据、简单的处理，最重要的是如何应用。大数据让社会大众以一种前所未有的方式，通过对海量数据进行分析，获得有巨大价值的产品和服务，或深刻的洞见，最终形成变革之力。

21.2 大气环境分析和预报业务中大数据应用的挑战

大气环境分析和预报业务所涉及的数据种类多，规模大，每分钟都在产生新的数据，具备了大数据的特性。以北京市环境保护监测中心为例，数据种类包括空气质量监测数据、空气质量预报数据、综合监测仪器数据、卫星遥感数据、手工分析数据、污染源数据、公开气象数据等，存储为结构化数据库或非结构化文本、图片等多种形式，每年数据增量几百 T。不同种类的数据在存储方式、数据量大小方面差异巨大，例如，空气质量常规污染物监测数据，以小时为单位存储在关系数据库中；VOCs、颗粒物组分仪器等在线综合监测仪器，每分钟产生 K 级别的文本文件；空气质量预报模型数据，每日运行几个批次，单个模型结果文件达到几十吉；卫星遥感每十分钟存储为 TIF 专有文件格式及图片格式，大小数百兆。

但大数据不等于数据量大，也不等于数据种类很多。大数据的魅力在于数据之间的关联、融合，从而找出新的洞察为决策提供科学依据。如何充分整合这些海量异构数据，分析、挖掘及洞察数据中隐含的空气质量规律，更好地指导业务实践和创新是大气环境分析大数据应用目前面临的巨大挑战。以空气质量预报预警为例，就要综合气象背景场数据、地面气象观测数据、空气质量实测数据、卫星数据等。这些数据简单放在一起，并不能给出一个科学合理的预报结果，只有通过模型（无论是数值预报模型还是统计预报模型）将这些数据有机地融合在一起，才能得到真正预期的结果。

除此之外，传统的计算模式和方法，新兴的认知计算是值得尝试的一条思路。它能够在传统机器学习方法架构之上，根据观察到的复杂的数据，动态的评估、选择、组合进而推荐最佳的决策。通过认知计算整合优化各类物理、化学、气象、交通、社交等模型，再通过海量数据进行交叉印证，使模型、数据和专家经验以自动训练、自我学习的方式不断积累，从而实现精准的预报预警、溯源减排等业务的决策支持功能。

由此可见，数据简单堆在一起不会创造更多价值，必须将数据与数据进行融合，才会达到"1+1＞2"的效果，创造更大的价值，这也是必须迎接和克服的挑战。

21.3 开展机动车排放大数据分析意义

当前，我国大气污染呈现出以高浓度细颗粒物、臭氧等为代表的区域复合型污染特征。大气污染物排放来源复杂，在多种排放源中，机动车对于城市、区域复合型大气污染的贡献较为突出，是 NO_x、$VOCs$、$PM_{2.5}$ 等污染物的主要排放来源之一。因此，机动车污染防治工作对于城市大气污染防治以及区域空气质量改善尤为重要。在预报业务和预报信息交换中也是重要内容。

珠三角各城市正逐步建立和完善机动车污染管控制度，全面实施机动车污染排放管理措施。"十二五"期间，珠三角在全国率先实现黄标车闯限行区联合电子执法，深圳、佛山、中山、惠州等市实施全区域黄标车限行。但这些监管工作主要依靠传统的手段，对大数据等先进信息技术的创新融合应用才刚刚起步，因此，存在监管水平与环境治理能力现代化的新要求不相匹配、监督执法力量不能满足日益繁重的监管任务要求等问题。为了给现有的机动车污染管控提供有效、科学的技术依据和数据支撑，实现机动车污染管控从依靠传统手段向创新融合应用大数据等先进信息技术的转变，需逐步整合机动车大数据资源，设计和建设科学、合理的机动车大数据综合管理及应用系统。

《广东省环境保护"十三五"规划》（征求意见稿）明确提出，建设环境大数据综合应用系统，建立水、空气、土壤、生态环境质量等大数据分析与预警平台以及水、大气污染大数据溯源分析平台，加强多方协同的环境监管，为环境管理提供科学的信息支撑。机动车大数据是环境大数据的重要组成部分，利用机动车监管过程中产生的管理和检测数据，结合现有的理论基础，通过对数据进行统计和分析，构建一个科学、合理的机动车综合管理及应用系统，可以有效支撑区域、省、城市机动车污染管控能力建设。

21.4 机动车大数据总体应用框架设计

根据《生态环境大数据建设总体方案》《广东省环境保护"十三五"规划》（征求意见稿）以及《广东省机动车排气污染防治条例》的相关要求，需积极开展机动车大数据系统建立工作，并加强机动车大数据综合应用和集成分析，构建系统的管理平台和管理机制，提升区域机动车污染管控能力，实现管理方式的转型。因此，需建立机动车大数据综合管理系统，为机动车的污染排放及车辆信息综合管理提供信息化平台。

系统层次结构包括基础设施层、数据中心层、系统服务支撑层和业务应用层。基础设施层包括常用的各种计算机硬件平台。数据中心层包括交通活动数据库、黄标车数据库、排放检测数据库、黑烟车数据库和网格化数据库，交通活动数据库存储各种交通流量、交通速度、排放因子以及其他机动车与道路信息数据；黄标车数据库存储黄标车的各类型信息；排放检测数据库存储检测车辆信息以及各类工况的检测浓度等信息；黑烟车数据库存储黑烟车的各类型信息；网格化数据库存储各个城市区域的网格化信息。核心服务层包括数据推送、数据管理、数据合法性检查、核心计算和 GIS 信息等一系列的服务，是业务应用层与数据中心层之间的数据传输纽带。业务应用层包括机动车排放管理、尾气管理分析和情景分析设计等业务，可根据需要进行扩展，见图 21-1。

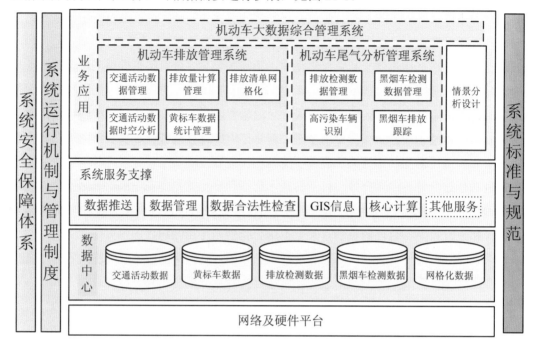

图 21-1　机动车大数据综合管理应用总体框架

21.5　机动车大数据应用的基础数据

目前，可用于机动车污染防治工作的机动车大数据，按照来源进行分类，可分为交通活动数据、黑烟车数据、黄标车数据、尾气检测排放数据等。这些机动车大数据具有类型丰富、规模巨大、时空范围广、更新快、时效性强等特点。

21.5.1　活动水平数据

交通活动数据包括治安卡口监测数据、车辆 GPS 定位数据。治安卡口监测数据内容包括断面流量、速度、车辆类型等信息。车辆 GPS 定位数据内容包括经纬度、时间、车辆类型，车辆型号、车牌号等信息。交通活动数据作为机动车基础数据，能较好地反映城市道路不同车辆类型、不同时段的车辆流通量，系统通过对数据进行提取和计算，编制机动车排放清单，为机动车排放源的研究和政策制定提供数据基础。

21.5.2　黄标车出行数据

黄标车是指未达到国 I 排放标准的汽油车和未达到国Ⅲ排放标准的柴油车，呈现尾气排放量大、排放浓度高、排放稳定性差的特征。珠三角部分城市已启动淘汰和限行黄标车的管控措施。

黄标车数据来源于交通卡口抓拍数据、车辆环保标志核发登记数据、车辆检测登记数据。通过数据融合构建的区域黄标车数据库，涵盖珠三角区域登记范围内和抓拍到的黄标车数据信息，数据内容包括车牌号码、出厂日期、车辆类型、车辆型号、环保标志、检测结果等信息。

21.5.3 检测排放数据

机动车检测排放数据来源于机动车尾气检测站每天定时检测的数据和不定期抽测数据，包含车辆属性数据和尾气排放数据。车辆属性数据包括车辆类型、车辆数量、车型品牌、营运性质、排放标准、出厂年月、燃油类型等；尾气排放数据包括污染物排放的浓度值、烟度、检测限值等。

21.6 机动车大数据应用的关键技术

21.6.1 多源数据融合技术

实时多源异构交通数据作为一种地理空间数据，是从不同角度描述交通系统中的交通行为在空间位置、空间形态、空间分布、空间关系、空间趋势、运动方式等方面的状态和过程，通常包含明显的时空分布属性和交通状态参数两部分，以构成参数的基本内容。由于多源异构实时交通数据间存在着复杂的关联，形成了跨时间、空间的多元映射关系，只有通过转化整合才能实现异构数据间的关联映射补充。针对交通路网内各种形式的交通参数，借助多源交通参数在时间、空间及表征对象上的逻辑对应关系，以及 GIS 地理信息系统、GPS 定位技术以及交通地理信息系统等技术的地图匹配方法进行数据融合，相关技术在交通仿真、交通诱导等工作中已得到长期研究和应用，积累了较为成熟的研究成果，可为城市道路交通实时排放总量计算与发布提供数据支撑。

21.6.2 基于云平台的动态排放总量计算模型

通过研究城市道路交通静态数据（如城市机动车保有量、发动机排量、燃油类型、车速、加速度、车重等车队技术水平分布特征因素），以及城市道路交通实时动态数据（如车队平均速度、单车瞬时速度、单车瞬时加速度等活动水平参数）对发动机功率需求和燃油消耗的影响特征，结合本地化修正的排放因子数据库，建立起城市道路交通实时排放总量计算模型。综合城市道路交通实时排放总量计算模型与道路交通流信息，可实时计算城市路网的道路排放情况，为交通控制、诱导等技术的优化提供了技术保障。在排放总量计算方面，以路段为机动车排放计算单位，基于真实浮动车数据建立一套完整的高时空分辨率机动车排放清单编制方法，获取各项清单编制参数的获取途径，分析参数的可用性与准确性。

21.6.3　多维动态展示技术

基于实时多源异构交通流状态数据、实时城市道路交通排放总量数据，以及环境监测数据，利用时空数据分析模型，通过对数据库的并行处理、混合式并行计算，采用地理信息系统和平台计算机语言的多维时空分析技术、多维数据关联转化模型等方法，建立交通与环境多维展示发布平台，支持如交通拥堵指数、交通运行状态、交通流量等交通运行参数、道路交通实时排放总量及排放水平指标、城市空气质量及污染物指数等不同维度环境数据的分析及可视化，实现交通环境相关参数的多层次可视化联动展示，并进行接口封装，为后续的空气质量模拟提供接口准备。

21.7　机动车大数据应用案例——基于佛山市机动车大数据的综合管理系统

佛山市近年来经济高速发展，机动车保有量逐年增长，其机动车结构和污染排放与我国大多数城市相符。《佛山市"十二五"主要污染物总量控制规划》指出，机动车污染防治是"十二五"控制的重点。佛山市近年来陆续出台多项分阶段开展的机动车管控政策，随着各项机动车管控政策的逐步实施，宏观上，全市机动车保有量、车型结构和技术水平也不断发生变化，使得路网结构不变化的情况下，在路网上车流量、车型分布及路况均持续动态变化，最终导致道路交通源排放量年度变化和排放来源变化，并加剧了车辆排放时空分布的不均匀性。因此，机动车污染防治需要往精细化发展，分区域、分时段、分对象地准确量化机动车污染排放从何来，排放量多少，谁可减，减多少，效果如何。通过利用机动车大数据，建立基于佛山市机动车大数据的综合管理系统，识别高污染车辆品牌、车型和机动车排污大户，同时直观地呈现佛山市机动车污染动态排放特征及演变规律，快速分析机动车污染排放来源及初步诊断特定点位污染的原因，对佛山市高污染天气应急预案的设计有着非常重大的意义。

21.7.1　系统目标与功能

基于佛山市机动车大数据的综合管理系统的主要目标如下：

1）实现对交通水平和排放信息进行高时效性的更新和展示；

2）快速分析机动车污染排放来源及初步诊断特定点位污染的原因；

3）识别高污染车辆品牌、车型和机动车排污大户；

4）为机动车控制政策制定和高污染天气应急预案设计提供数据支撑和基础。

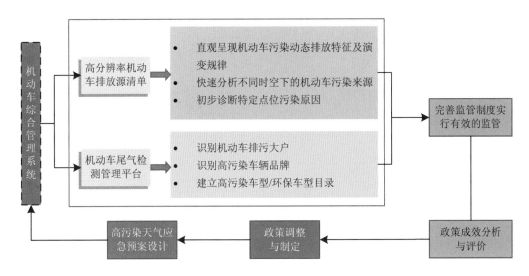

图 21-2　基于佛山市机动车大数据的综合管理系统功能

21.7.2　数据获取及处理

1）机动车技术水平

反映机动车技术的主要参数包括：机动车污染控制技术、燃料种类、累计行驶里程、维护状况、车辆载重和发动机排量等。以佛山市机动车保有量数据库为基础，结合问卷调查，得到佛山市机动车的排放标准、车型类别、排量、总质量、使用性质、燃油类型等技术参数，从而得到佛山市机动车技术水平特征，并建立机动车技术水平数据库。

2）交通流量

采用现场人工视频拍摄和治安卡口监控视频数据提取相结合的方法，得到每日不同道路不同车型的小时流量。现场人工视频拍摄每一季度安排一次，而治安卡口监控视频数据则是持续更新，见图 21-3。

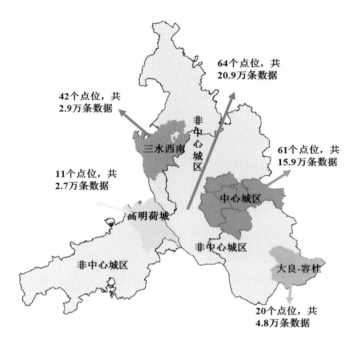

图 21-3　佛山市流量调查点位分布图

3）道路平均车速

以营运车辆 GPS 监控平台数据为基础，根据经纬度坐标，通过地图匹配程序，将每辆车的 GPS 信息数据与佛山市电子地图进行结合，并通过速度计算模型计算调查区域内每 5 分钟的平均车速，见图 21-4。

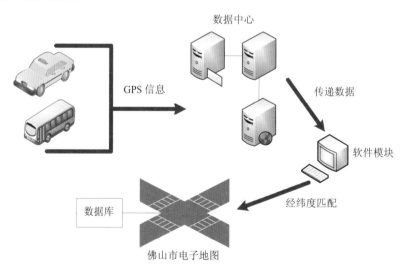

图 21-4　机动车行驶特征调查流程图

4）机动车尾气排放检测数据

佛山市机动车尾气排放检测数据来源于佛山市机动车尾气检测站年检和路检数据，包含大量的车辆属性数据和尾气排放数据，车辆属性数据包括：车辆类型、车辆数量、车型品牌、营运性质、排放标准、出厂年月、燃油类型等；尾气排放数据包括：污染物排放的浓度值、烟度、检测限值等。

21.7.3　系统结果与展现

1）高分辨率机动车排放清单

基于佛山市机动车大数据的综合管理系统根据 2014 年佛山市不同区域各月机动车 NO_x 的排放情况，编制而成的 1 km×1 km 网格化排放清单，如图 21-5 所示，从图中可以清晰看出 NO_x 不同月份的分布情况及变化规律。NO_x 高排放区域主要集中在城区中心以及城区中心向外辐射的路网上。

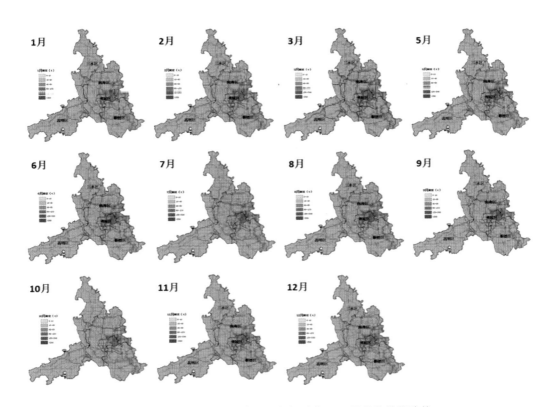

图 21-5　2014 年佛山市分月的机动车 NO_x 网格化排放清单

2）高污染车辆识别

基于佛山市机动车大数据的综合管理系统能够对高污染排放车辆进行高效、便捷管理。系统结果显示：佛山市五菱、海马等品牌的车辆超标比例较高，且佛山市有 11.2%的汽油车第一次检测的污染物浓度超出限值 2 倍，车辆集中分布在国零、国Ⅰ和国Ⅱ三个排放标准中，比例分别为 24.0%、46.0%和 23.9%。烟度值大于 3.0 的柴油车，集中分布国Ⅰ、国Ⅱ和国Ⅲ三个标准，比例分别为 22.9%、26.7%和40.1%，说明高污染车辆仍然以老旧车辆为主要群体，见图 21-6。

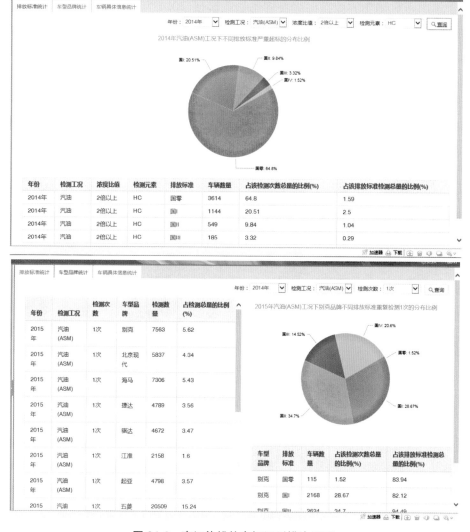

图 21-6 高污染排放车辆识别模块界面

21.7.4　应用优势

　　由于基于机动车大数据的综合管理系统的排放因子和活动水平具有较高的时空分辨率，因此可作为机动车源排放清单数据，支撑空气质量的模拟研究。

　　基于机动车大数据的综合管理系统对交通各影响因素的描述具有较高的独立性和灵活性，可以直接量化排放的各种影响因素，直接反馈各种影响因素对排放的影响。而且还考虑了路段行驶特征、道路交通状况，还能将交通管理等因素纳入系统中。通过这种高灵活性、高时空分辨率的机动车源排放清单数据，结合运用到空气质量预报预警系统模型运算中，能模拟评估出交通疏流管制措施对改善空气质量的效果，为机动车污染控制决策提供有力支撑。

第 22 章　北京预报大数据集成技术应用展望

22.1　大气环境分析大数据应用的相关技术

22.1.1　构建大数据共享平台实现不同来源数据的有机融合

大气环境监测涉及的数据种类繁多，且每种数据分属于不同的部门、不同的系统。为改变传统的根据系统进行条块分割造成的对数据利用的限制，需要建立大数据共享平台，并具有数据维护管理、数据服务共享功能，从而实现大气环境信息数据的整合和充分利用，为决策者提供 360 度视图，支持科学决策。

1）统一的信息资源库

实现数据统一采集、存储和服务功能，定义明确的数据采集规范和数据服务接口。当业务的发展需要建设新的应用系统时，可以充分享用已有的数据资源，最大程度满足数据共享的需求和数据模型的可扩展性。例如：

（1）对元数据进行时间、空间、监测要素方面的规范设计，以支持不同类型数据在时间（例如年、月、日、采暖季等）、空间（例如区域、城市、经度、纬度、高度等）、监测要素（例如监测类型、要素名称等）方面的关联查询和分析；

（2）依据分析业务的需求对数据进行有针对性的存储优化及索引设计，保证分析业务的响应速度；

（3）对各类数据的 ETL 载入框架（数据抽取 Extract、转换 Transform 和加载 Load）、载入状态进行规范，支持对数据载入过程的实时监控、及时报警、辅助快速修复数据异常中断；

（4）对可共享数据，进行对外服务接口的规范设计，包括数据服务架构、协议、参数设计、输出格式设计、权限设计及服务性能等方面。

2）规范的数据运维机制

严格规范数据的质量审核、原始数据的留存、数据归档回调等，支持数据的灵活扩展（监测手段的改进、新数据源、新字段、数据时空颗粒度的提升、数据精度和量纲的改变等），以及数据生命周期管理，对数据进行全方位地保护。例如：

（1）对载入数据的通用校验，包括数据预处理和数据清洗两个阶段。其中数据预处理分为空缺值处理、异常值处理、不一致值处理；数据清洗分为重复数据清洗、属性级别清洗及重复级别清洗。

（2）对数据表、视图、存储过程、用户函数、用户定义数据类型等的规范管理。

22.1.2　构建大数据分析平台支持灵活的大气环境综合分析与知识归整

构建通用的大数据分析平台，针对环境综合观测数据中的每一类观测数据，业务人员能按需求选定关心的指标、算法，进行专业的综合分析，查看图形化结果，以充分挖掘相关要素与空气污染的关联关系，为大数据应用提供统一的分析支持服务。以北京市为例，由浅入深，分为以下四个层次：

层次一：设计全门类（各监测要素）、不同粒度（小时、日、月、年等）的统一空气质量指标体系，业务人员可以按需选择关心的指标，进行上层的大数据专业分析。

以常规空气质量监测指标为例，设计国控/市控站点、国控站点平均、区县平均等不同的统计区域，小时粒度的指标包括各常规污染物浓度、各常规污染物分指数，首要污染物，超标污染物，同比信息等。

在北京市环境保护监测中心目前正在开发的大数据应用平台中，业务人员可以通过指标分析功能，随需选择关注的时间、区域范围内的指标进行组合查询和对比分析。例如，对 8 月份的前 10 天，每一天的北京国控站平均的 $PM_{2.5}$ 浓度、$PM_{2.5}$ 日浓度最大值、首要污染物、污染等级、$PM_{2.5}$ 分指数、滚动年均值等指标情况进行对比分析。

层次二：搭建基础大数据分析服务平台/系统/方法，支持典型预测、聚类、关联、分类等通用数据挖掘算法。

基于北京市应用平台的基础大数据分析服务，分析人员可以进行交互式、图形化的数据挖掘过程，可以选定感兴趣的空气质量指标、选择多种数据挖掘算法并快速找到性能最优的模型进行分析，得到图形化分析结果。

层次三：实现业务通用大数据分析服务。通过综合时序分析、日变化分析、关联分析、相关性分析、热力图分析、箱式图分析等多种技术手段，支持常规污染物、气象、综合观测仪器等多来源多渠道大气环境相关数据的大数据融合通用分析，实现对不同区域、不同时间规律的发现，实现多种统计口径的有机整合、时空特征的挖掘。

在北京市应用平台的通用分析模块中，业务人员可以对关心的多类数据，进行灵活的关联、对比、分析和挖掘。例如，查看有机碳（OC）监测数据在 8 月开始的第一周每天 24 小时的日变化热力图分析结果。

层次四：深入挖掘空气质量知识库，实现对大气环境现状、水平和规律的知识积累。

包括 $PM_{2.5}$ 组分分析、VOCs 分析、站点聚类、气象场分析、逆温分析、知识库等，实现对空气质量现状、水平和规律的知识积累。

以知识库为例，基于空气质量与其他各类相关数据协同分析的关联结果，挖掘空气质量在不同气象条件、污染源变化（周边沙尘、局地排放）上的变化特征和规律，并生成语义表述，采用产生式规则进行知识表示，建立空气质量知识库。随着数据的增长自动丰富，为空气质量成因的深度分析提供支持。知识库能针对不同地区、不同时间自适应调整。依据不同地区、不同时期的各类污染和气象数据，通过数据挖掘模型训练出适应于不同地域和时间段的规则，并评估规则对其他地区和时间的适用性。

22.1.3 构建基于大数据应用的高精度空气质量预报系统

近年来，随着大气污染问题的日益严峻，各种污染物的相互耦合叠加，大气污染现象出现了区域性和复合型，面对大气污染的预防和控制，模型工具的重要性越发凸显。但是，国内空气质量模型起步较晚，对模型的适用环境把握还不是很准确。

为了提高预报准确度，构建基于大数据分析和认知技术的高精度空气质量预报系统，从而克服单模式的预报带来的较大误差，进一步发挥不同空气质量模式在不同气象场、不同地区、不同季节的优势。

1）基于大数据的预报模型自适应参数优化技术

运用大数据分析手段，通过分析长期数值预报模型的预报结果其与气象测量的历史真实数据之间的关系，寻找数值模型预报偏差的统计特征，从而自适应对模型参数进行优化，改进预报结果的准确性。该技术是综合了数值天气预报方法和数理统计天气预报各自的优点而建立的一种优化预报方法。依据在优化仿真和统计模型技术上一定的技术积累和成熟的应用工具，对一组通过各种技术来识别隐含在数据之中的有价值的信息的数据挖掘工具，将预报结果"本地化"和"季节化"，提高预报结果的准确率。

2）基于大数据的多模型集合预报技术

多模式集成方法是一种提高模式预报准确率的非常有效的后处理统计方法。通过将多个相互独立的预测结果进行组合，其预测均方根误差可以小于单个预测的均方根误差。系统引入集合预报方法，通过输入气象场、排放源和空气质量模式关键参数的扰动构造出一组有限数量的预报样本，再通过一定的统计学方法将各个预报样本结果集合起来，在充分评估模式预报性能的基础上发挥各个模式的优点，从确定性预报转变为概率预报，提高数值预报能力，提供最优集合预报结果。

3）基于深度学习的大数据空气污染预报

深度学习是近年来人工智能领域提出的一种新颖的基于大数据的机器学习方法。深度学习是指基于样本数据通过一定的训练方法得到包含多个层级的深度网络结构的机器学习过程。深度学习能通过训练大数据，挖掘、捕捉大数据之间的深层联系，提高分类和预测准确性，是一种有效的大数据处理方法。另外，深度学习模型的训练较快，且随着训练样本的增加，能呈现出比一般方法更优的性能成长性。

基于深度学习的空气污染预报模型能较好地克服已有预报方法的不足，其优势特点如下：

1）在环境大数据背景下，深度学习技术可以利用整合海量的、多来源的环保数据，利用充足的观测数据作为训练样本，保证基于深度学习的空气污染预报模型具有较高的准确性。

2）深度学习模型能深度挖掘影响污染物浓度的各因子之间内在的数据关系，建立起较为准确的空气污染物浓度与影响因子之间复杂机理模型的代理模型。深度挖掘提取高级的、语义的空气质量变化的模式和规律，有机融合多种模型及专家知识，实现有效的空气质量分析。

3）深度学习模型具有较强的扩展性，通过合理设置输入因子的方式，能将其他方法集成到该模型中，在一定程度上避免单一空气污染预报模型的缺陷和不确定性，提高预报准确度。

搭建基于深度学习的大数据空气污染预报方法，基于深度学习模型，建立过去一天的空气污染物浓度、空气污染物天气扩散条件、预测的次日天气等输入特征量与 6 类污染物浓度之间的统计模型，利用环境大数据对模型进行训练，充分挖掘空气质量监测大数据中的语义特征，能较好地克服传统空气污染预报方法的缺点，尤其在大数据背景下，能更好地挖掘空气质量监测大数据的价值，提高环境大数据的应用效果。

4）基于大数据"自主学习—相似性识别—专家反馈和优化"的重污染预测研判

以北京市环境保护监测中心为例，中心在长期的预报实践和大数据平台的建设过程中，已经积累了丰富的结构化的重污染案例库。对历史上发生的污染过程，能够从时间演变、气象条件影响、基于后向轨迹的传输分析、区域污染背景及污染水平的空间分布演变、污染与地面风场和逆温的关系、$PM_{2.5}$ 组分特征等多个方面进行全面系统的深度剖析，分析重污染过程的形成原因以及量化主要影响因素。图 22-1 展示了北京从 2016 年 1 月至 8 月发生的几次重污染过程，图 22-2 展示了 5 月 30 日开始的一次 O_3 重度污染过程。

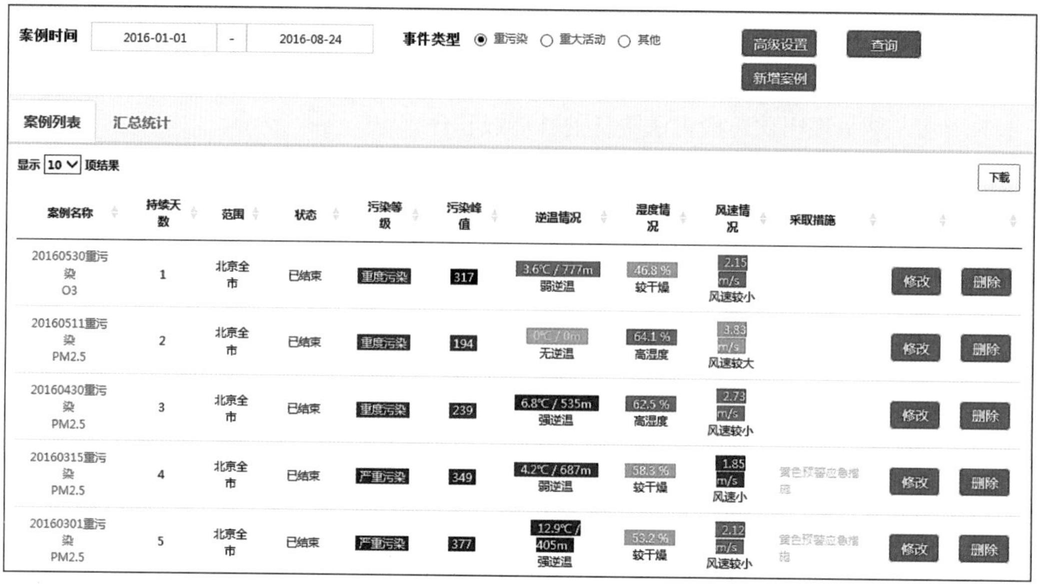

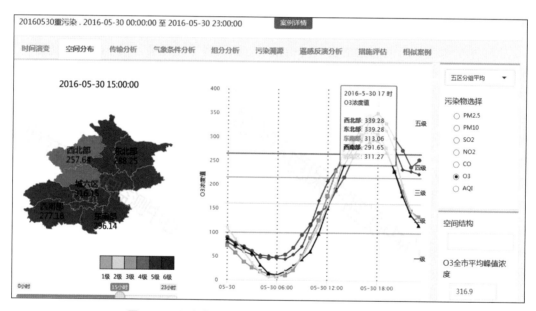

图 22-1　北京市环境保护监测中心空气质量预报系统重污染案例库

图 22-2　北京市环境保护监测中心——重污染过程分析

在重污染过程大数据分析中，利用大区域污染观测和气象预测数据，基于深度学习技术预判区域未来污染过程形势，包括大区域空气质量时空结构识别、大区域气压场、逆温等关键气象要素结构识别、大区域气团运动规律识别等，揭示未来大区域气象时空变化规律。同时，基于大数据索引技术，快速识别历史相似案例，并结合专家对识别案例的相似程度的交互式判别信息，自适应优化相似案例的识别方法。然后基于历史相似案例集，估计未来重污染发生的概率和可能原因，完成对重污染过程的分析及应用。

在重污染案例库的基础上，通过自主学习—相似性识别—专家反馈和优化这三个环节的闭环反馈，对未来气象形势进行智能预判，引入专家经验，自适应的识别历史相似案例，辅助预测未来重污染发生概率，不断提升重污染预测的能力。

22.2 大数据的未来发展

大数据是一种新的思维方式，科学认识大数据，提高数据意识、发展数据精神、理解数据实质，从环境大数据中发现新知识、创造新价值、提升新能力、形成新业态，在环境保护工作尤其是在大气污染预报与防治领域中，其地位与重要性也日益突出。遵循生态环保大数据建设理念，运用大数据、认知计算等现代信息技术手段，建立大气环境分析大数据应用，加强空气质量常规污染物浓度监测数据与综合观测、气象、遥感、污染源等数据的关联分析和综合研判，开展大数据分析，对实现重污染规律、成因等方面的知识积累和提高重污染预报预警能力，加快首都北京乃至全国空气质量改善的步伐有着重要的意义。

第 23 章　面向数值预报同化的激光雷达资料应用技术规则

为推动全国环境空气质量监测激光雷达网络建设，促进激光雷达数据信息采集、存储、加工、传输、应用，规范环境监测激光雷达产品输出和反演，制定以下技术要求和原则。

23.1　环境监测激光雷达

环境监测激光雷达是主动遥感探测大气环境设备。工作原理为：激光器发射激光脉冲，激光脉冲与大气成分发生作用，产生后向散射回波，接收并反演回波信号，得到大气环境相关信息，见图 23-1。

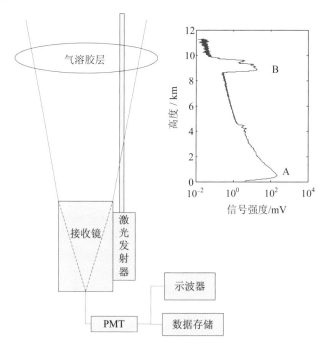

图 23-1　激光雷达系统框架图

（尖峰 A 由于低空几何重叠因子造成，尖峰 B 由于气溶胶层或云层造成）

激光雷达由于其主动探测的优势，激光脉冲时间短、能量大，可以获得大气成分的垂直分布信息（廓线）。激光雷达十分适合于云层高度、边界层高度监测等定性探测要求，颗粒物浓度等定量探测的精度还有待提高。

激光雷达分类：按照激光脉冲与大气成分作用的物理机制，可以分为米散射、瑞利散射、拉曼散射、荧光作用、差分吸收等。按照探测目标的不同，可以分为大气颗粒物和云、大气温度、风速、氮气、二氧化碳、氮氧化物、硫氧化物等。

后文所指的环境监测激光雷达，其作用机制为后向散射中的米散射，探测目标主要为大气气溶胶（大气颗粒物）和云层的垂直分布情况，探测产品仅为垂直向上得到的廓线产品和非廓线产品。

环境监测激光雷达根据波长和偏振探测情况大致分为：①532 nm 单波长无偏振；②532 nm 单波长带偏振；③532 nm 带偏振、355 nm 无偏振等。其中多波长数据可以提供大气气溶胶粒径大小信息，偏振数据可以提供大气气溶胶粒子外形信息。

23.2　环境监测激光雷达产品种类

环境监测激光雷达数据产品分为廓线产品和非廓线产品。激光雷达产品要慎重考虑低空探测盲区和最大探测高度的问题，见图 23-2。

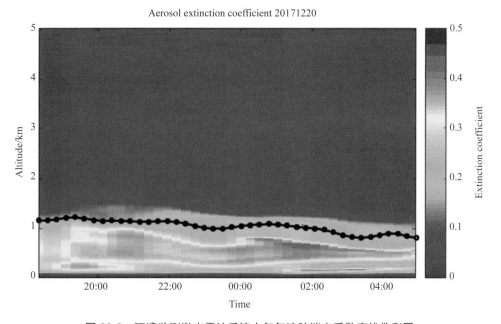

图 23-2　环境监测激光雷达反演大气气溶胶消光系数廓线伪彩图

（颜色表示系数大小，其中实心黑块近似表征大气边界层高度变化）

1）廓线产品包括：

1 级：距离修正后的回波信号廓线；

2 级：气溶胶后向散射系数廓线，气溶胶消光系数廓线及退偏比（532 nm 的垂直后向散射强度和平行后向散射强度之比）廓线，色比（不同波长的后向散射强度之比）廓线等；

3 级：颗粒物浓度垂直分布廓线。

2）非廓线产品包括：

大气边界层高度估算值，气溶胶光学厚度，云高等。

23.3 信息传输内容

传输内容为文本格式数据，目前有以下三种：

1）原始信号或修正后的信号廓线；

2）颗粒物与臭氧浓度等廓线；

3）大气边界层高度。

23.4 环境监测激光雷达信号反演

环境监测激光雷达信号反演流程：首先，对获得的回波信号进行距离修正等预处理，其次采用 Fernald 等方法得到气溶胶后向散射系数廓线/气溶胶消光系数廓线，在此基础上获得颗粒物浓度垂直分布廓线，大气边界层高度等信息。根据环境监测激光雷达硬件配置情况（多波长、偏振）还可以反演得到色比廓线、退偏比廓线。

23.4.1 环境监测激光雷达回波信号

激光雷达回波信号是激光雷达设备接收到的唯一信号，后期各产品都由此信号反演得到。激光雷达回波信号强度与各影响因素之间关系的数学表达式，一般称为激光雷达方程，如式（1）所示：

$$P(r) = C \cdot P_0 \cdot \frac{\eta A}{r^2} \cdot \Delta R \cdot \beta(\lambda, r) \cdot \exp[-2 \int_0^r \alpha(\lambda, r) \mathrm{d}r] \qquad （1）$$

式中：$P(r)$——激光雷达接收到的来自于 r 到 $r + \Delta r$ 高度大气段的回波信号强度功率值；

P_0——发射激光束的功率；

C——激光雷达的校正常数；

  r——探测距离（或高度）；

  A——接收望远镜的收光面积；

  $\beta(\lambda, r)$——大气中某种被探测组分的后向散射系数；

  $\alpha(\lambda, r)$——大气总的消光系数；

  η——几何重叠因子，近地面低空信号由于光学结构的原因，激光雷达无信号或有衰减，在高空则保持为常数 1。

  探测大气气溶胶的米散射激光雷达反演算法主要有斜率法、Klett 法和 Fernald 方法。斜率法方法简单，无需考虑激光雷达比的问题，但其前提条件（大气气溶胶呈均匀分布）很难满足，斜率法很少能够得到高精度的反演结果。Fernald 法与 Klett 法的反演思路是一样的，两者之间的区别是 Fernald 方法将大气分子和大气气溶胶区别开来。基于两种成分的单次米散射激光雷达方程反演过程中，大气气溶胶消光系数和后向散射系数可以不依赖激光雷达定标常数而求解。将激光雷达方程式（1）改写为：

$$P(r) = ECr^{-2}\left[\beta_{\mathrm{a}}(r) + \beta_{\mathrm{m}}(r)\right]T_{\mathrm{a}}^2(r)T_{\mathrm{m}}^2(r) \qquad (2)$$

式中：下标 a（aerosol）——大气气溶胶；

   下标 m（molecule）——大气分子；

   T——信号透过率。

23.4.2　环境监测激光雷达信号反演各阶段数据

  距离修正后的回波信号：对环境监测激光雷达探测得到的回波信号依次进行多次脉冲平均，背景噪声扣除等预处理后，乘以距离的平方，得到距离修正后的信号。

  气溶胶后向散射系数廓线/气溶胶消光系数廓线：主要基于 Fernald 方法进行。对于气溶胶粒子消光系数和后向散射系数之间的关系，反演起始高度等变化较大的参数，在反演结果中附注标明。

  退偏比廓线：532 nm 的垂直后向散射强度和平行后向散射强度之比。

  色比廓线：不同波长的后向散射强度之比。

  颗粒物浓度廓线：包括 $PM_{2.5}$/PM_{10} 总浓度垂直分布廓线。通过气溶胶消光系数廓线，以退偏比廓线/色比廓线为辅助，反演得到。

  大气边界层高度/气溶胶光学厚度/云高等非廓线产品：通过大气气溶胶消光系数廓线，反演得到。

  其中，大气边界层高度和云高等产品主要是基于定性处理，精度高；气溶胶后向散射系数廓线、气溶胶消光系数廓线、颗粒物浓度廓线、气溶胶光学厚度等产品主要是基于定量处理，精度较低。

23.4.3 环境监测激光雷达信号反演的不确定性

激光雷达反演的误差来源，主要在于一个方程（激光雷达信号方程）解两个未知数（大气气溶胶的消光系数和后向散射系数均为未知）。在反演时，一般假设大气气溶胶的消光系数和后向散射系数两者比值固定（称为激光雷达比）。应用 Fernald 法后向反演激光雷达方程时，需要先确定 3 个参数：激光雷达比、定标高度（后向反演的起始高度）以及该高度处的大气气溶胶消光系数。

气溶胶的激光雷达比与气溶胶粒子的折射率、尺寸、形态和组成等诸多因素有关，而实际气溶胶粒子的尺寸、形态、组成、折射率等参数的差异很大，因此难以确定气溶胶激光雷达比。实际反演消光系数时，人们通常依据不同参考条件来确定大气气溶胶的激光雷达比值，例如，有文献指出，火山爆发后大量气溶胶进入平流层，此时大气气溶胶的激光雷达比分别取 20（6～15 km），22（15～20 km），40（20～25 km）和 43（25～30 km），对处于背景期的平流层气溶胶和对流层气溶胶，激光雷达比的参考值可以设置为 50。

定标高度一般选择在相对干净、气溶胶浓度可以忽略的大气层高度作为标定点 r_c，例如，平流层内或对流层内气溶胶浓度极小的区域（例如对流层顶附近）。定标点处 532 nm 波长大气气溶胶消光系数可表述为 $\alpha_a(r_c) = (1.01-1)\alpha_m(r_c)$，其中 $\alpha_m(r_c)$ 为定标高度处大气分子的消光系数，可以通过大气模式计算。

23.5 时间、高度分辨率

激光雷达产品时间分辨率：1 min～1 h。

高度分辨率随高度变化而变化，低空 3 km 高度包括大气边界层的区域，对模式计算影响较大，按 30 m 的高度分辨率；往上 3 km，影响较少，按 60 m 的高度分辨率；再往上直到 10.5 km 左右高空，按 90 m 的高度分辨率。

共计：30 m×100+60 m×50+90 m×50=10.5 km。

23.6 环境监测激光雷达产品数据格式

1）传输文件格式

廓线和非廓线产品以文本格式数据；颗粒物浓度廓线随时间变化图为图片格式。

2）文件命名规范

Lidar_PX_YYYYMMDDhhmmss_Location_Instrument.txt

Lidar_YYYYMMDDhhmmss_Location_Instrument.jpg

其中：Lidar：激光雷达资料

PX：产品级别编码，L1 表示激光雷达原始回波信号，L2 表示颗粒物浓度廓线，L3 表示边界层高度

YYYYMMDDhhmmss：第一组数据的年月日时分秒

Location：观测站点的编码

Instrument：站点内的设备编号

3）文本格式文件格式

文件头：采用文本格式，记录内容包括：

（1）站点信息：站点编号，站点拼音，设备编号，站点经纬度，海拔等。

（2）系统硬件信息：设备厂商，设备安装时间，激光器脉冲能量，发射重频，数据采集方式（模拟或者光子计数）等。

（3）数据信息：高度分辨率，时间分辨率，数据采集采样分辨率，采样个数，通道信息（几个通道，是否多波长，有无偏振信息）等。

（4）附加信息：有无定标文件，有无气象数据等。

时间产品：采用文本格式，按时间依次记录，见表 23-1。

表 23-1　文本文件格式示例

		代码	示例/单位
	无锡中科光电	ZK	
	怡孚和融	YF	
	蓝盾环保	LD	
设备供应商代码	安光所	AG	
	艾沃思	AS	
	Sigma	SM	
	……	……	
发射重复频率		****	Hz
累加次数		****	次
通道数目		*	1 2 3 4 5
波长及偏振代码	355 nm	3	3　3P
	532 nm	5	5　5P
	1 064 nm	1	1　1P

		代码	示例/单位
	偏振	P	
采集方式	模拟	A	
	光子计数	P	
空间分辨率		7.5	m
	1	0	
	6	1	
数据更新频率	10	2	min
	30	5	
	60	10	
点数		1 333	1 333
	无	NA	
	PM$_{2.5}$	2	
标定设备	PM$_{10}$	1	
	其他	0_**	

第 24 章　面向数值预报同化的卫星资料应用技术规则

为了提高模型的预报准确率，基于目前区域空气质量数值模式的需要和卫星定量遥感反演的精度水平，常用以下的卫星资料进行模式同化：真彩图像、气溶胶光学厚度、热异常点、NO_2 垂直柱浓度等几类产品。

24.1　可用于数值模式同化的卫星资料

24.1.1　真彩图像

1）数据内容

基于卫星在可见光谱段的红（660 nm 附近）、绿（550 nm 附近）、蓝（470 nm 附近）三个波段获取的表观反射率，合成三波段真彩色图像，见图 24-1。从中能够清晰看出不同地物（植被、裸土、积雪等）、云、雾以及霾的空间分布范围，使预报员可以快捷、直观地获取污染的范围及强度等态势信息，同时结合连续时段的真彩影像及区域风场等气象信息，对污染气团的运动轨迹做出判断，为模式预报提供参考。

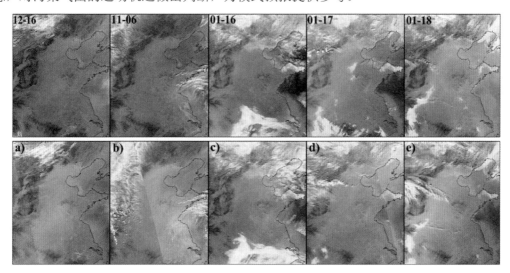

图 24-1　基于美国 Terra（上）和 Aqua（下）卫星 MODIS 载荷获取的东部地区秋冬季节单日真彩影像

2）数据来源

极轨卫星：选取具有每日全国覆盖能力的中分辨率卫星数据生成真彩影像，包括 FY-3 卫星 MERSI、Terra/Aqua 卫星 MODIS、Suomi-NPP 卫星 VIIRS 等。

静止卫星：选取覆盖我国全部或大部分地区的中分辨率多光谱静止卫星，如 Himawari-8 卫星的 AHI、COMS 卫星的 GOCI 等。

3）时空分辨率

空间分辨率：0.5～2 km。

时间分辨率：0.5～24 h。

4）文件格式

输入格式：作为栅格文件方式存储，包括 HDF、TIF、IMG 等。

输出格式：带有空间地理信息的栅格文件格式，如 GeoTIFF。

24.1.2　气溶胶光学厚度

1）监测原理

气溶胶光学厚度（Aerosol Optical Depth，AOD）是整层大气内气溶胶消光系数在垂直方向上的积分，是目前卫星能够获取关于气溶胶含量最主要的信息来源。目前国际上主流的 AOD 反演方法包括暗像元（Dark Target）算法和深蓝（Deep Blue）算法。二者反演原理均包括两个关键环节：一是基于特定地物（如浓密植被）反射率在不同波段的经验关系或事先构建的地表动态反射率库，实现卫星观测信号中气溶胶与地表贡献的分离（即地气解耦）；二是基于辐射传输模型构建包括 AOD 在内的气溶胶微物理、光学特性与大气层顶表观反射率的对应关系，基于卫星当前观测实现对应的 AOD 反演。

2）信息内容

AOD 尽管是无量纲的光学参数，但可以定量表征大气内气溶胶的多少，是反映污染水平一个重要参量。图 24-2（a）给出基于 MODIS 数据的长三角地区 2003—2014 年年均 AOD 分布，清晰表明江苏大部、上海及周边地区具有较高的颗粒物水平；同时从时间趋势上看，2003—2011 年珠三角大部分地区的颗粒物含量显著上升；自 2012 年起颗粒物污染水平开始呈下降趋势。图 24-2（b）至 24-2（d）基于 VIIRS 数据给出 2016 年 12 月 6—8 日一次污染过程中区域 AOD 的变化，能够清晰表征污染团的传输和变化过程。在气溶胶垂直分布较为稳定的情况下，AOD 在一定程度上还能反映近地面颗粒物的含量，因此也被作为近地面 $PM_{10}/PM_{2.5}$ 卫星估算最主要的输入信息。

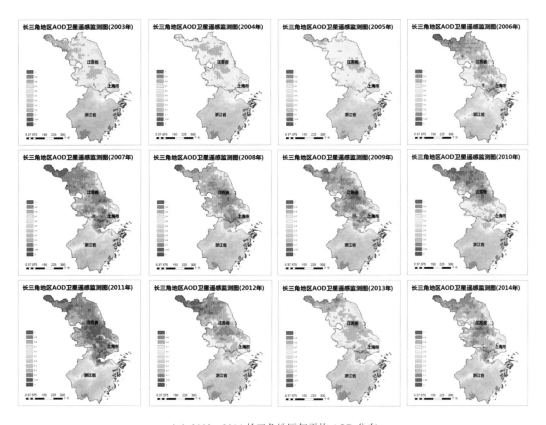

（a）2003—2014长三角地区年平均 AOD 分布

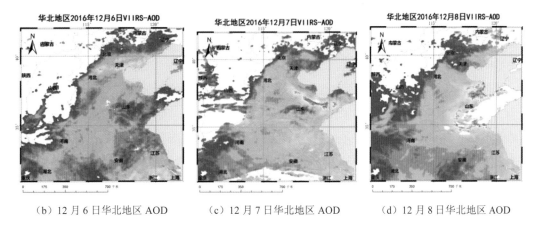

（b）12 月 6 日华北地区 AOD　　　（c）12 月 7 日华北地区 AOD　　　（d）12 月 8 日华北地区 AOD

图 24-2　基于 Aqua 卫星 MODIS 载荷数据反演的 2003—2014 年长三角地区年均 AOD 分布；
基于 Suomi-NPP 卫星 VIIRS 载荷数据反演的 2016 年 12 月 6—8 日华北地区 AOD（图 b-d）

3）数据来源

极轨卫星：为支持大区域范围模式预报，选取具有 AOD 反演能力、每日数据覆盖的中分辨率卫星数据，以确保预报模式的日常应用需要。目前可用卫星主要包括 FY-3 卫星 MERSI、Terra/Aqua 卫星 MODIS、Suomi-NPP 卫星 VIIRS 等载荷。

静止卫星：选取可覆盖我国全部或大部分地区且具备 AOD 反演能力的中分辨率多光谱静止卫星数据，如 FY-4 卫星的多通道扫描成像辐射计（MCSI）、Himawari-8 卫星的 AHI、COMS 卫星的 GOCI 等。

4）时空分辨率

空间分辨率：0.5～2 km。

时间分辨率：0.5～24 h。

5）文件格式

输入格式：作为栅格文件方式存储，包括 HDF、TIF、IMG 等。

输出格式：带有空间地理信息的栅格文件格式，如 GeoTIFF。

24.1.3　热异常点

1）监测原理

根据普朗克定律及维恩位移定律，高温火点等热异常地物在中红外波段发射的能量远高于常温地物，但二者在热红外波段的差异不大，基于中红外和热红外波段辐射强度的差异特征，可从常温地物中提取出潜在火点。进一步通过比较潜在火点与周围常温像元热辐射差异，去除高亮地物、太阳耀斑等虚假信号的影响，从而提取出包含高温热异常信号的火点像元。基于上述原理，利用卫星在中红外（如 3.7～3.9 μm 附近）、热红外（如 11 μm 附近）及可见光-近红外波段的观测数据，结合地表分类信息，可实现秸秆焚烧火点的卫星探测。

2）信息内容

主要的信息包括热异常点所在像元的位置、卫星过境时间、地表类型、辐射能量及基于与周边环境差异等信息推算出来的信度值。利用这些信息，能够直观获取不同类型生物质燃烧（秸秆焚烧、森林/草原火灾）的空间分布、强度变化等信息，能够为排放清单的动态更新提供关键支持，支持区域空气质量预报的高精度估算。图 24-3 上半部给出基于卫星观测的华北地区单日秸秆焚烧分布（红色点）以及同时的真彩色影像，二者结合可清晰看出秸秆焚烧的空间位置及强度（数量密度），以及释放烟羽的影响范围和扩散轨迹。图 24-4 给出基于卫星观测的 2010 年全年结果制作的秸秆焚烧遥感监测总结报告。

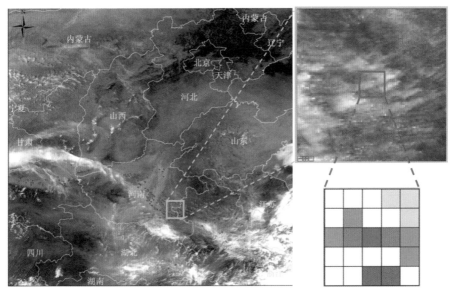

图 24-3　基于 Terra 卫星 MODIS 数据观测的华北地区秸秆焚烧分布

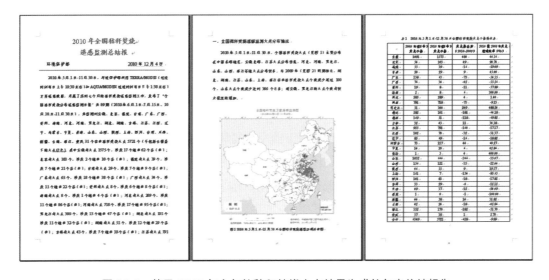

图 24-4　基于 2010 年全年的秸秆焚烧火点结果生成的年度总结报告

3）数据来源

极轨卫星：选取具有热异常点探测能力、每日数据覆盖的中分辨率卫星数据，目前主要包括 FY-3 卫星 MERSI、NOAA 系列卫星的 AVHRR、Terra/Aqua 卫星 MODIS、Suomi-NPP 卫星 VIIRS 等载荷；其中以 MODIS、VIIRS 的热异常点探测算法应用范围最广，更适合于模式预报应用。

静止卫星：选取可覆盖我国全部或大部分地区且具备火点探测能力的中分辨率多光谱静止卫星数据，目前主要有 FY-4 卫星的多通道扫描成像辐射计和 Himawari-8 卫星的 AHI。

4）时空分辨率

空间分辨率：0.5～2 km。

时间分辨率：1～24 h。

5）文件格式

输入格式：作为栅格文件方式存储，包括 HDF、TIF、IMG 等。

输出格式：包含热异常点位置等属性信息的文本、表单或数据库文件。

24.1.4　NO$_2$ 柱浓度

1）监测原理

大气中的 NO$_2$ 含量与氮氧化物排放量密切相关，因此是卫星定量描述人为排放强度、污染时空变化的主要指标之一。NO$_2$ 与 O$_3$、SO$_2$ 等均为痕量气体，其信号在卫星接收到的总辐射中占比微小。目前国际上主流的反演方法，是充分利用 NO$_2$ 在可见光波段的特征吸收光谱（指纹信息），基于差分吸收光谱算法（DOAS，Differential Optical Absorption Spectroscopy）实现对地表反射、气溶胶散射等强信号的去除，最终提取整层大气内 NO$_2$ 的柱浓度信息。

2）信息内容

目前卫星反演的主要产品为对流层内 NO$_2$ 的垂直柱浓度，单位通常为 molecules/cm^2，即每单位面积上大气柱内的总分子数。由于 NO$_2$ 较短的生命周期和与人为排放较高的相关性，NO$_2$ 柱浓度被广泛用于校正或自上而下的反演氮氧化物的排放清单，提供更为丰富、真实的时空变化信息，也是目前可用于预报模式同化的主要产品。如图 24-5 给出京津冀地区 2006—2017 年的 NO$_2$ 柱浓度空间分布。能够清晰看出，近十余年来京津冀地区 NO$_2$ 的整体水平呈现先上升再下降的趋势，至 2012 年前后达到最高，但峰值仍集中在北京-天津-唐山及石家庄-邢台-邯郸等城市化和工业化集中发展的区域。自 2013 年后区域 NO$_2$ 显著下降，已达到甚至优于 2006 年的水平，表明了近五年来"国十条"等大气综合防治的显著成效。

3）卫星数据来源

极轨卫星：选取具有紫外至可见谱段高光谱分辨率载荷及每日数据覆盖的卫星数据，目前主要包括 Aura 卫星的 OMI、MetOp 系列卫星的 GOME-2、Suomi-NPP 卫星的 OMPS 等。

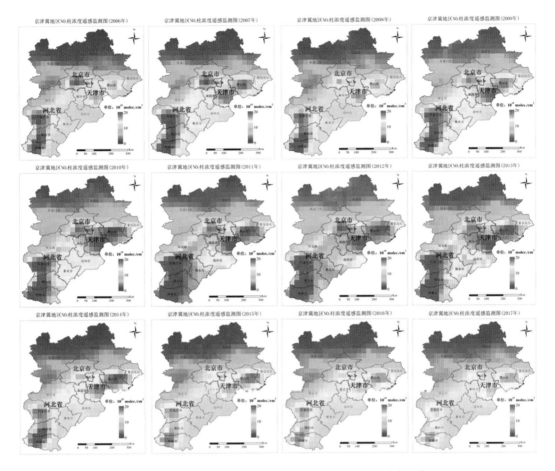

图 24-5 京津冀地区 2006—2017 年 NO₂ 年均柱浓度分布

静止卫星：应选取覆盖我国或至少中东部地区、具备 NO₂ 反演能力的卫星数据，目前尚无在轨运行的适宜卫星；韩国国家环境研究所（National Institute of Environmental Research）主持研发的 GEMS（Geostationary Environmental Monitoring Spectrometer）卫星具备 NO₂ 等痕量气体的观测能力，预计 2018 年发射，可覆盖东亚及西太平洋大部分地区。

4）时空分辨率

空间分辨率：10～20 km。

时间分辨率：1～24 h。

5）文件格式

输入格式：作为栅格文件方式存储，包括 HDF、TIF、IMG 等。

输出格式：带有空间地理信息的栅格文件格式，如 GeoTIFF。

24.2 卫星资料获取方法

目前上述用于空气质量模式同化的卫星资料通常可通过以下几种方式获取：

24.2.1 卫星数据直收

针对特定卫星直接广播或中转下传的数据，建立对应的数据直接接收系统，实时或准实时地接收卫星观测的原始数据，在本地解码处理后进行遥感定量反演，生成可用于支撑预警预报的高级遥感产品。数据直接接收系统主要包括天线、信号转换、数据解码、遥感反演和数据存档等功能模块。卫星数据直收方式具有最短的数据获取周期，能够实时或准实时获取用于模式同化的卫星定量反演产品，有效保障观测信息的时效性，但相应的具有较高的建设成本及维护的复杂性。

为满足国家或区域中心日常预警预报对大区域、准实时的卫星资料需求，建议省级以上环境监测部门采用卫星数据直收方式，保障每日 2～3 颗极轨卫星及 1～2 颗静止卫星、能够覆盖全国或全区域的资料，并通过本地的卫星数据处理系统实时生成所需卫星产品，满足每天获取极轨卫星 1～2 次数据，静止卫星适宜时段（如每日 9—16 时）内每小时 1～2 次数据。

24.2.2 远程数据推送

由具有相关技术资质和服务能力的机构接收所需卫星数据并进行后续处理，然后将卫星资料通过高速网络传输给应用部门，用以支持后者的空气质量预报和模式同化。远程数据推送具有较短的获取周期，能够支持准实时的预报工作，还可以根据实际业务需要和区域特点定制个性化的产品和服务，同时有效降低了建设和运行成本。

省级或地市级的预警预报区域范围与资料时效性需求相对稍低，建议采用远程卫星数据推送的方式。数据推送机构需具备稳定可靠的卫星数据接收与处理能力，应满足：每日 1～2 颗极轨卫星及至少 1 颗静止卫星、能够覆盖本省或本地区的卫星资料；其中极轨卫星资料应在卫星过境后 2 小时内推送，静止卫星在适宜时段内（如每日 9—16 时）应每小时提供 1 次数据。

24.2.3 网站后期下载

目前国内外多数大气环境遥感卫星的数据产品都可以在其官方网站上免费下载，包括上述卫星数据。但由于其官方网站数据处理、存档和访问能力等限制，不同的遥感产品通常有一天至十多天的下载滞后，或限制数据覆盖区域及下载数据量，难以满足业务空气质量预报的同化需求。因此建议在污染过程分析及预报评估等及时性要求不高的应用中，可以通过官方网站下载更为全面的卫星资料，包括国内风云、环境、资源及高分系列卫星，以及国外 Aura、CALIPSO、MetOp A/B 等卫星。

24.3　质控与应用要求

24.3.1　数据产品精度

卫星资料的定量反演精度是影响模式同化效果的重要因素，应在满足数据空间分辨率和覆盖、数据时效性等前提下，尽可能选择同类数据中反演/探测精度最高的产品。部分卫星资料目前国际上主流的反演/探测精度如下：

1）真彩色合成图像：无定量指标，但不同波段间空间配准误差应小于 0.3～0.5 个像元；影像拉伸后不会显著失真，能增强污染团（灰霾）、烟羽、沙尘与一般云、雾等的区分能力；

2）AOD 产品：卫星 AOD 反演结果与地基 AOD 观测真值的平均相对误差为 15%±5%；

3）热异常点产品：热异常点的识别精度为 90%±5%，且像元空间定位精度小于 0.3～0.5 个像元；

4）NO_2 产品：卫星 NO_2 垂直柱浓度与地面整层大气观测真值相比，其反演精度达到 75%±5%。

24.3.2　时空覆盖能力

1）空间覆盖

卫星数据在空间区域和时间范围对模式预报区域的覆盖能力是决定卫星资料价值的另一关键因素。为满足每日空气质量预报模式的应用需求，要求卫星观测幅宽在 2 500～3 000 km 范围，即每天基本能够无缝覆盖我国全部或大部分地区。

2）时间覆盖

由于云污染等因素影响，即使卫星观测每天一次或多次覆盖目标区域，有效的反演产品仍有可能出现较大缺失，对于单日的模式同化是个难以解决的数据限制。另外，在使用卫星资料进行长时间尺度（月均、季均、年均等）污染形势分析或源排放清单校正时，须确保卫星在目标区域特定时段内的单日有效观测数足够，这样才能确保观测信息能准确反映该地区真实的污染水平。通常需要单日有效观测总数不少于该研究时段总天数的 30%～50%。

专业术语

二次污染：当某些一次污染物在自然条件的作用下改变了原有性质，特别是那些反应性较强的物质，性质极不稳定，容易发生化学反应而产生新的污染物，即出现二次污染。

AQI（空气污染指数）：根据环境空气质量标准和各项污染物对人体健康、生态、环境的影响，将常规监测的几种空气污染物浓度简化成为单一的概念性指数值形式，参与空气质量评价的主要污染物为细颗粒物、可吸入颗粒物、二氧化硫、二氧化氮、臭氧、一氧化碳等六项。

空气质量预报：根据气象条件（风、稳定度、降水及天气形势等）和污染源排放情况对某个区域未来的空气污染浓度及空间分布作出估计。

同化：指资料同化，在空气质量预报同化方面，一是合理利用各种不同精度的非常规资料使其与常规观测资料融合为有机的整体，为数值预报提供更好的初始场；二是综合利用不同时次的观测资料，将这些资料中所包含的时间演变信息转化为要素场的空间分布状况。

空气质量集合预报：基于复杂的三维环境空气质量数值模式，通过构建产生多个具有差异预报样本，利用多元回归、神经网络等数学方法产生最优确定性预报结果，并且可同时提供污染发生概率预报。

首要污染物：AQI 大于 50 时 IAQI 最大的空气污染物。

空气质量等级：根据城市空气环境质量标准和各项污染物的生态环境效应及其对人体健康的影响，所确定的污染指数分级以及相应的污染物浓度限值。目前，我国的空气质量等级分为优、良好、轻度污染、中度污染和重度污染五个等级。

预警等级：按照突发事件发生的紧急程度、发展势态和可能造成的危害程度进行分级。在空气污染预警等级方面分为蓝色、黄色、橙色和红色 4 个级别。

深度学习：指基于样本数据通过一定的训练方法得到包含多个层级的深度网络结构的继续学习过程。

VPN（虚拟专用网络）：虚拟专用网指的是在公用网络中建立专用的数据通信网络的技术，实现低成本、高安全地解决数据传输及应用。

AIRNOW：由美国国家环保局（EPA）开发的一套国际先进的环境空气质量信息管理

和发布系统。

Five Day：加州湾区空气质量管理局研发的区域性空气质量预报系统。

信息安全风险：指在信息化建设中，各类应用系统及其赖以运行的基础网络、处理的数据和信息，由于其可能存在的软硬件缺陷、系统集成缺陷等，以及信息安全管理中潜在的薄弱环节，而导致的不同程度的安全风险。

异地双活：主生产端数据及应用和备机端据及应用异地同时布置在线运行，处于可读可查询可使用状态的技术。

船舶自动识别系统（AIS 系统）：由岸基（基站）设施和船载设备共同组成，是一种新型的集网络技术、现代通讯技术、计算机技术、电子信息显示技术为一体的数字助航系统和设备。

廓线：描述风向、风速、温度、湿度诸气象要素、污染物浓度、大气气溶胶光学物理参数等垂直分布的曲线或函数。

退偏比：激光雷达数据中 532 nm 的垂直后向散射强度和平行后向散射强度之比。

色比：激光雷达数据中不同波长的后向散射强度之比。

米散射，瑞利散射：光学散射现象的一种，米散射与瑞利散射均属于弹性散射，即入射光波长和散射光波长一致。米散射是粒子尺度接近入射光波长，例如大气颗粒物；瑞利散射是粒子尺度远小于入射光波长，例如大气分子。

拉曼散射：光学散射现象的一种，属于非弹性散射，即入射光波长和散射光波长不一致。

极轨卫星：即太阳同步轨道（Sun-synchronous orbit）卫星，指卫星的轨道平面和太阳始终保持相对固定的取向，轨道的倾角（轨道平面与赤道平面的夹角）接近 90 度；卫星轨道要在两极附近通过，因此又称之为近极地太阳同步卫星轨道。

静止卫星：即地球同步轨道卫星是指卫星在轨道上运行的周期与地球自转的周期相同，因此卫星在每天相同的时刻出现在相同地区的相同方位上，其轨道高度与星下点几乎不变，即相对地球上某点的空间位置不变，因此也成为地球静止卫星。

真彩色影像：真彩色（true color）是指在组成一幅彩色图像的每个像素值中，有红、绿、蓝三个基色分量，每个基色分量直接决定显示设备的基色强度，这样产生的彩色称为真彩色；遥感真彩色影像是指基于遥感载荷获取的红、绿、蓝波段影像合成的真彩色影像。

AOD：气溶胶光学厚度（Aerosol Optical Depth，AOD），是指气溶胶消光系数在垂直方向上的积分，表征整层大气中气溶胶总的消光能力。

热异常点：基于卫星观测识别出某像元的热辐射特性（像元亮度温度）与周围像元有显著差别，即认为该像元为热异常像元（点）；像元的热辐射异常主要是由内部生物质燃烧等高温地物引起的。

MODIS：Moderate Resolution Imaging Spectroradiometer，搭载于美国 NASA EOS 观测

计划 Terra（1999 年发射）和 Aqua（2002 年发射）卫星上。

VIIRS：Visible Infrared Imaging Radiometer Suite，搭载于美国 NOAA 的 Suomi-NPP 卫星（2011 年发射）以及即将发射的 JPSS 新一代极轨气象卫星上。

MERSI：Medium Resolution Spectrum Imager，搭载于我国风云三号系列卫星上（FY-3），目前在轨的包括 FY-3A（2008 年发射）、FY-3B（2010 年发射）、FY-3C（2013 发射）。

AHI：Advanced Himawari Imagery，搭载于日本葵花（Himawari）8 号卫星（2014 年发射）上的成像仪。

OMI：Ozone Monitoring Instrument，搭载于美国 NASA EOS 观测计划的 Aura 卫星（2004 年发射）。

OMPS：Ozone Mapping and Profiling Suite，搭载于 Suomi-NPP 卫星上。

GOME-2：Global Ozone Monitoring Experiment-2，搭载于欧盟的 MetOpA（2006 年发射）及 MetOpB（2012 年发射）卫星上。

GOCI：Geostationary Ocean Color Imagery，搭载于韩国的 COMS（Communications，Ocean，and Meteorological Satellite，2010 年发射）

参考文献

[1] Jalkanen J P，Brink A，Kalli J，et al. A modelling system for the exhaust emissions of marine traffic and its application in the Baltic Sea area[J]. Atmos. Chem. Phys.，2009，9（23）：9209-9223.

[2] Jalkanen J P，Johansson L，Kukkonen J，et al. Extension of an assessment model of ship traffic exhaust emissions for particulate matter and carbon monoxide[J]. Atmospheric Chemistry & Physics，2012，11（5）：22129-22172.

[3] A. Cotteleer，J. H. J Hulskotte.SEA SHIPPING EMISSIONS 2010：NETHERLANDS CONTINENTAL SHELF，PORT AREAS AND OSPAR REGION II[J].2015.

[4] Goldsworthy L，Goldsworthy B. Modelling of ship engine exhaust emissions in ports and extensive coastal waters based on terrestrial AIS data – An Australian case study[J]. Environmental Modelling & Software，2015，63：45-60.

[5] Tournadre J. Anthropogenic pressure on the open ocean：The growth of ship traffic revealed by altimeter data analysis[J]. Geophysical Research Letters，2015，41（22）：7924-7932.

[6] Dongqing Yang，STEPHANIEN K，LU Tao，et al. An Emission Inventory of Marine Vessels in Shanghai in 2003[J]. Environmental Science & Technology，2007，41（15）：5183-5190.

[7] 金陶胜，殷小鸽，许嘉，等. 天津港运输船舶大气污染物排放清单[J]. 海洋环境科学，2009，28（6）：623-625.

[8] 刘静，王静，宋传真，等. 青岛市港口船舶大气污染排放清单的建立及应用[J]. 中国环境监测，2011，27（3）：50-53.

[9] Ng S K W，Loh C，Lin C，et al. Policy change driven by an AIS-assisted marine emission inventory in Hong Kong and the Pearl River Delta[J]. Atmospheric Environment，2013，76（5）：102-112.

[10] 伏晴艳，沈寅，张健. 上海港船舶大气污染物排放清单研究[J]. 安全与环境学报，2012，12（5）．

[11] 阎吉祥，龚顺生，刘智深. 环境监测激光雷达[M]. 北京：科学出版社，2001.

[12] 鲍挺，倪晓寅，陈光. 会商室多媒体展示、会议扩声系统建设与思考[J]. 福建地震，2005，21（4）：32-38.

[13] 伯广宇，刘东，吴德成，等. 双波长激光雷达探测典型雾霾气溶胶的光学和吸湿性质[J]. 中国激光，2014，41（1）：0113001.

[14] 程学旗，靳小龙，王元卓，等. 大数据系统和分析技术综述[J]. 软件学报，2014，25（9）：1889-1908.

[15] 戴树桂. 环境化学[M]. 北京：高等教育出版社，1995：9.

[16] Guangyu Bo，Dong Liu，Decheng Wu，et al. Two-wavelength lidar for observation of aerosol optical and hygroscopic properties in fog and haze days[J]. Chinese J Lasers，2014，41（1）：0113001.

[17] 郝颖婕，郁舒兰. 基于 iOS 系统手机 APP 界面设计研究[J]. 2016（4）：70-71.

[18] 李国杰，程学旗.大数据研究：未来科技及经济社会发展的重大战略领域[J].中国科学院院刊，2012，27（6）：647-657.

[19] 吕东方，张正华，李忍忍. 基于物联网技术的城市交通污染监测系统[J]. 无线电工程，2017，47（1）：7-9，15.

[20] 吕立慧，刘文清，张天舒，等. 基于激光雷达的京津冀地区大气边界层高度特征研究[J]. 激光与光电子学进展，2017，54（1）：010101.

[21] 隋殿志，叶信岳，甘甜. 开放式 GIS 在大数据时代的机遇与障碍[J]. 地理科学进展，2014，33（6）：723-737.

[22] 黄健，杨柳忠，黄金桃，等. 城市水环境系统设施监控预警管理信息平台数据交换研究[J]. 建设科技，2013，（Z1）：179-181.

[23] 黎小平. 浅析保护网络信息交换安全关键技术[J]. 电脑知识与技术，2015，11（34）：42-43.

[24] 沈艺，徐冠华，郁蕾. 苏州市环境信息综合交换平台的构建与实施[J]. 污染防治技术，2010，23（05）：60-62，64.

[25] 王健. 四川省环境信息安全体系架构方案研究[D].西南交通大学，2012.

[26] 肖华东，孙婧，孙朝阳，等. 中国气象局 S2S 数据归档中心设计及关键技术[J]. 应用气象学报，2017，（05）：632-640.

[27] 殷睿，胡麒，周蓓. 内外网信息交换安全解决方案探讨与实施[J]. 保密科学技术，2013（02）：24-27.

[28] 张亚兰. 涉密计算机和信息系统信息交换的控制工作[J]. 网络空间安全，2017，8（Z3）：10-12.

[29] 赵万青. 数据交换与共享系统的设计与实现[D].华中科技大学，2012.

[30] 毕敏娜，王清阳，胥布工. 基于 H.323 的视频会议系统及应用[J]. 微计算机信息，2006（15）：156-158.

[31] 蒋慧琴，秦荣茂. 业务视频会商及会议系统的设计与构建[J]. 电脑知识与技术，2008（10）：148-150.

[32] 李玉涛，马彬，陈鹏，等. 江苏省气象视频会商系统优化设计[J]. 气象水文海洋仪器，2015，32（03）：57-61.

[33] 林少冰，吴兆雄. 广东省气象局视频会商系统方案设计简介[J]. 电脑知识与技术，2010，6（28）：8109-8111.

[34] 刘亭. 基于视频会议技术的在线会商系统设计[J]. 计算机与网络，2015，41（12）：57-59.

[35] 刘一谦，张常亮. 基于 MCU 级联的三级高清视频会商系统的构建与应用[J]. 科技信息，2011（15）：485-486.

[36] 刘燕，郭文远，刘勤娣，等. 视频会商系统的技术保障[J]. 气象水文海洋仪器，2010，27（03）：34-37.

[37] 罗红艳. 基于 DLP 大屏技术的视频会商系统改造与应用[J]. 信息与电脑（理论版），2016（18）：91-93.

[38] 吴孟春，胡永亮，马奇蔚，等. 气象视频会商系统的现状及发展趋势[J]. 网络安全技术与应用，2011（02）：63-65.

[39] 杨凯. 视频会商系统在防汛抗旱工作中的应用[J]. 水利信息化，2016（03）：30-34.

[40] 杨柳. QoS 在高清视频会商系统中的应用[J]. 网络安全技术与应用，2014（04）：23.

[41] 张艳. 广东省惠州市会商系统设计架构应用与研究[J]. 科技创新与应用，2016（13）：87.

[42] 李云婷，严京海，孙峰，张大伟等.基于大数据分析与认知技术的空气质量预报预警平台[J]. 中国环境管理，2017，2：31-36.

[43] 尹文君，张大伟，严京海，等. 基于深度学习的大数据空气污染预报[J]. 中国环境管理，2015，6：46-52.

[44] Boersma K F，Eskes H J，Brinksma E J. Error Analysis for Tropospheric NO_2 Retrieval from Space[J]. Journal of Geophysical Ressearch，2004，109（D4），doi：10.1029/2003JD003962.

[45] Giglio L，Descloitres J，Christopher O J，et al. An Enhanced Contextual Fire Detection Algorithm for MODIS[J]. Remote Sensing of Environment，2003，87（2）：273-282.

[46] Hsu N C，Tsay S C，King M D，et al. Aerosol properties over bright-reflecting source regions[J]. IEEE Transactions on Geosience and Remote Sensing，2004，42（3）：557-569.

[47] Hsu N C，Jeong M J，Bettenhausen C，et al. Enhanced Deep Blue aerosol retrieval algorithm：The second generation[J]. Journal of Geophysical Research，2013，118（16）：9296-9315.

[48] Kaufman Y J，Tanre D，Remer L A，et al. Operational remote sensing of tropospheric aerosol over land from EOS modrate resolution imaging spectroradiometer[J]. Journal of Geophysical Research，1997，102：17051-17067.

[49] Lin J T，Martin R V，Boersma K F，et al. Retreiving tropospheric tropospheric nitrogen dioxide from the Ozone Monitoring Instrument：effects of aerosols，surface reflectance anisotropy，and vertical profile of nitrogen dioxide[J]. Atmospheric Chemistry and Physics，2014，14：1441-1461.

[50] Remer L A，Kaufman Y J，Tanre D，et al. The MODIS aerosol algorithm，products，and validation[J]. Journal of Atmospheric Science，2005，62（4）：947-973.

[51] Schroeder W，Oliva P，Giglio L，et al. The new VIIRS 375m active fire detection data product：Algorithm description and initial assessment[J]. Remote Sensing of Environment，2014，143（6）：85-96.

[52] Tao M，Chen L，Su L，et al. Satellite observation of regional haze pollution over the North China Plain[J]. Journal of Geophysical Research，2012，117（D12） doi：10.1029/2012JD017915.

[53] Tao M，Chen L，Wang Z，et al. A study of urban pollution and haze clouds over northern China during the dusty season based on satellite and surface observations[J]. Atmospheric Environment，2014，82（19）：183-192.